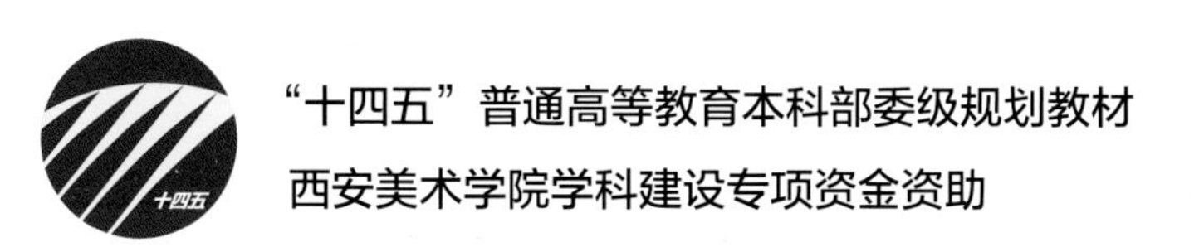

“十四五”普通高等教育本科部委级规划教材
西安美术学院学科建设专项资金资助

牛仔服装装饰设计

潘　璠 / 著

中国纺织出版社有限公司

内 容 提 要

牛仔服装是具有广泛而坚实的社会需求基础的服饰品类，同时也是一种较为普及和流行的服饰类型。本书系统地介绍了牛仔服装装饰设计的发展历史、装饰设计的概念、装饰设计的方法及其关键技术要求，并分别对主要牛仔服装品种的装饰设计实例进行剖析。本书结合教学、科研和设计实践，力求做到理论联系实际、图文结合、通俗易懂。

本书既可以作为服装设计、服装工程专业师生的教学参考用书，也可以作为牛仔服装企业相关从业人员的培训教程或参考书。

图书在版编目（CIP）数据

牛仔服装装饰设计 / 潘璠著 . -- 北京：中国纺织出版社有限公司，2024.6

“十四五”普通高等教育本科部委级规划教材

ISBN 978-7-5229-1241-7

Ⅰ . ①牛… Ⅱ . ①潘… Ⅲ . ①牛仔服装—服装设计—高等学校—教材 Ⅳ . ① TS941.714

中国国家版本馆 CIP 数据核字（2023）第 234435 号

责任编辑：孙成成　　责任校对：高　涵　　责任印制：王艳丽

中国纺织出版社有限公司出版发行
地址：北京市朝阳区百子湾东里 A407 号楼　邮政编码：100124
销售电话：010—67004422　传真：010—87155801
http://www.c-textilep.com
中国纺织出版社天猫旗舰店
官方微博 http://weibo.com/2119887771
北京华联印刷有限公司印刷　各地新华书店经销
2024 年 6 月第 1 版第 1 次印刷
开本：787 × 1092　1/16　印张：12.5
字数：260 千字　定价：69.80 元

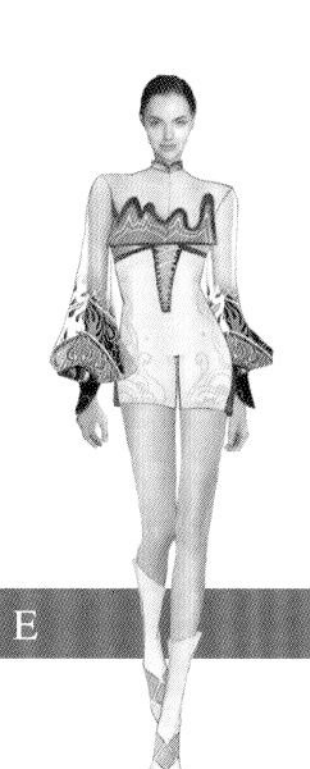

前言 PREFACE

自第一条牛仔工装裤诞生100多年以来，经历了美国西部牛仔文化的传播和20世纪全球范围内的普及和演化，牛仔服装的文化内涵和使用价值随着社会、经济、文化和科学技术的进步，在全球范围内形成了一个不受区域、国籍、民族、宗教、年龄、性别、职业、身份的制约，且有着广泛而坚实的社会需求基础的服饰品类，至今仍然是世界上较为普及和流行的时尚消费服装。

据资料统计，世界上有一半人群穿牛仔服装，美国牛仔服装普及率高达50%以上，人均拥有各种牛仔服装近15件，欧洲几乎有一半的人在公共场合穿牛仔服装，荷兰57%、德国46%、法国42%。我国是世界牛仔服装消费量最大的国家，年消费达4.5亿件，青年是我国牛仔服装消费的主体，75%的青年消费者拥有牛仔服装3.5件，20%拥有5~7件。

我国是世界上牛仔服装生产、消费、出口的第一大国，年产量占世界牛仔服装总产量的三分之二，年消费量占世界总消费量的三分之一。因此，对牛仔服装的装饰设计研究极其重要，这不仅关系到我国广大牛仔服装消费者对牛仔服装产品的消费需求，同时也是牛仔服装生产企业产业结构调整、产业创新、产品创新的一项重要工作。

纵观牛仔服装装饰设计的发展，首先与牛仔服饰文化的传播和服饰的普及密切相关，伴随着牛仔服装整体设计的多样化、时尚化和个性化的发展需求，牛仔服装装饰设计的发展必须主动适应和满足这种消费需求。从牛仔服装流行的发展历史来看，正因牛仔服装在流行的过程中能深入融合流行区域的文化内涵，才能形成一个充满生命力的服饰品种，显示出其独特魅力。

牛仔服装装饰设计是以牛仔服饰为设计对象，运用艺术创意的思维、美学规律和设计程序，选用一定的材料和艺术及技术手段，将其设计创意在牛仔服装上表现出来，并通过服装的剪裁和加工，使其艺术创意物化的过程。牛仔服装作为一种独立的服装品类，具有独特的文化内涵和设计体系，在设计风格、材料、色彩、加工技术、服饰搭配等方面都具有鲜明的风格特征。因此，装饰设计必须与牛仔服装的整体风格保持一致性和协调性，同时符合牛仔服装时尚流行潮流和时代发展趋势的需求。

我国的牛仔服装产业基本上是以贴牌或代工等形式发展起来的，缺少具有自主民族文化的知名品牌的支撑，在国际市场上还处于中低端水平，国内高端牛仔服装市场也基本上被国际知名品牌占据。

“十四五”期间，创建和培育牛仔服装知名品牌、提高服装品牌的市场竞争力、推进品牌的国际化进程成为我国牛仔服装产业发展的重要任务。发展民族文化品牌技术创新是首要的，而牛仔服装装饰设计是促进我国牛仔服装产业快速发展的有效途径之一。这要求在牛仔服装装饰设计中，设计师不但要具备良好的艺术修养和创新的艺术思维，而且要掌握牛仔服装装饰设计的规律和现代装饰技法，既要对中华民族传统服饰文化在继承的基础上予以创新，又要学习和研究国际牛仔服装装饰设计的技术和经验，并且能有机地融入设计实践中，促进我国牛仔服装装饰设计的发展。

本书系统地介绍了牛仔服装装饰设计的发展历史、装饰设计的概念、装饰设计的方法及其关键技术要求，并分别对主要牛仔服装品种的装饰设计实例进行剖析。本书共分为五章，第一章，牛仔服装与牛仔文化；第二章，牛仔服装装饰设计的艺术特征和形态；第三章，牛仔服装装饰设计的方法和过程；第四章，牛仔服装装饰设计的点线面应用；第五章，分类牛仔服装的装饰设计。

本书在编写过程中结合教学和研究实践，力求做到理论联系实际、图文结合、通俗易懂。本书既可以作为高校服装设计专业和服装工程专业的教学参考用书，也可以作为牛仔服装产业设计、管理、市场和技术人员的培训教材或参考书。

著者
2023年5月于西安美术学院

目录 CONTENTS

第一章

牛仔服装与牛仔文化

牛仔服装和牛仔文化是紧密相关的。牛仔服装是一种源自美国西部牛仔的风格，成为全球流行的时尚元素。牛仔文化涵盖了更广泛的价值观、生活方式和艺术形式，与牛仔服装密不可分。

牛仔服装最早起源于19世纪末的美国西部，当时的牛仔们需要耐用、舒适且适合骑马和工作的服装。牛仔裤是最具代表性的牛仔服饰，采用坚固的蓝色牛仔布料制成，有宽松的腿部和合体的腰部，方便骑马时穿着。此外，牛仔帽、牛仔衬衫、牛仔靴等也是常见的牛仔服装元素。

随着时间的推移，牛仔服装开始逐渐走向流行，并成为全球范围内的时尚潮流。这在很大程度上归功于好莱坞电影的影响，如20世纪50年代的西部片中牛仔偶像形象的塑造。牛仔服装的实用性和不羁风格也符合现代人对休闲和舒适的追求。

牛仔服装背后的牛仔文化更多地涉及生活方式和价值观。牛仔文化强调独立、勇敢、冒险和团队合作，反映了当时牛仔们的生活价值观，其坚韧、勇敢的精神深深地融入了牛仔文化，并在各种艺术形式中得到表达，包括音乐、电影、文学、绘画等。

第一节　牛仔服装发展的历史沿革

牛仔服装历经了百余年的风雨沧桑与历史变迁，由刚开始的美国西部淘金者的工装最终演变为风靡全球的时装，至今仍是全球普及率较高的服饰品种。

这种流行和发展的趋势完全颠覆了“导入期、成长期、成熟期、衰退期”这种服装流行生命周期的基本规律。

牛仔服装之所以能历经百年长盛不衰，究其原因就是牛仔服饰能鲜明地表达平等的服饰文化观念，穿用它似乎突破了贫富、等级、种族、宗教、性别、年龄的差别，消费者从牛仔服装中获得了自由、奔放、平等、自信的消费理念，这种文化内涵和精神力量被融入牛仔服装发展的每个历史阶段和服饰构成的每个细节中。

牛仔服装发展的历史，也可以说是美国牛仔文化形成、发展、传播的历史，文化传播、开拓创新、市场化贯穿于牛仔服装发展的全过程。

一　开拓进取创造了服饰文化的奇迹

在介绍牛仔服装的发展历史时，首先必须介绍牛仔裤发展的历史，正是因为牛仔裤的诞生、发展和流行，才有了牛仔文化的传播。

牛仔裤的发展与牛仔文化的传播是同步的，牛仔文化是19世纪60—80年代起源于美国西部的、由多种文化元素构成的文化的总称，牛仔裤是牛仔文化的典型代表。

19世纪60—80年代，由于美国西部兴起的淘金热潮和畜牧业的大开发，大批欧洲移民进入美国西部地区从事淘金和畜牧业，人们把这些人称为牛仔。当时的牛仔主要是欧洲移民的后裔，牛仔“Cowboy”一词源于西班牙语“Vaquero”（Cowman）。

在当时的社会经济条件下，牛仔是美国西部经济发展和文化开发的原动力，为美国社会创造了大量的物质财富。可以说，充满了开拓精神的美国西部牛仔们创造和完善了牛仔文化（图1–1）。

图1–1　150年前美国西部的牛仔

牛仔文化的内涵极为丰富，涉及文化、艺术和生活的各个领域，成为美国文化的一个代表，而牛仔裤已经演化成美国最具有代表性的民族服饰文化符号，在牛仔服饰文化的传播中，李维斯（Levi's）、李（Lee）、威格（Wrangler）三大牛仔服装品牌发挥了重要作用。

Levi's是世界第一条牛仔裤发明人李维·斯特劳斯（Levi Strauss）的名字，被称为“美国牛仔裤之父”。

1873年，李维·斯特劳斯创建的“Levi Strauss”公司生产的第一条牛仔裤，可以视为第一条真正意义上的牛仔裤的诞生，他以自己的名字申请了品牌“Levi's”，并对牛仔裤装饰所用的“铆钉”申请了专利保护。

图1-2　李维斯501牛仔裤

牛仔裤的诞生源于19世纪80年代美国西部的牛仔们，当时物资极度匮乏，李维·斯特劳斯尝试把积压在库房的廉价、朴素的帆布制成低腰、直腿、窄臀，并且易于在劳动中穿戴的帆布工装裤。这种工装裤子一经问世，就受到劳动环境艰苦的西部淘金者、牧场工人等劳动者的喜爱和欢迎，于是李维·斯特劳斯专门成立了公司生产这种朴素、耐磨、廉价、功能性强的帆布工装裤，后来为了美观又改用靛蓝色粗斜纹布料（布料编号501）生产，并在工装的后袋用铜制金属铆钉加固，被命名为著名的牛仔服装品牌李维斯501上市销售，真正意义上的牛仔裤诞生了（图1-2）。

这种蓝色斜纹牛仔裤子不仅成为淘金工人的工服，同时也是大量来自欧洲的移民、印第安人，以及充满开拓精神的牛仔们最喜欢的服饰。

1860—1940年，斯特劳斯对李维斯品牌原创设计进行了不少改良，包括铆钉、拱形的双马皮标以及后袋小旗标的设置，如今这些标志都成为李维斯牛仔裤的专用标志。

1976年，牛仔裤作为美国对世界人类服饰文化的贡献被载入史册，由美国迈阿密国家博物馆收藏。

李（Lee）品牌是牛仔裤产品的第二大品牌，公司创始人亨利·大卫·李（Henry David Lee）是一名工作服制造商，主要生产吊带工人裤装和长袖连体工人裤产品。1924年，李决定告别工装裤，全力投入牛仔裤产业，提出了“建设美国牛仔裤”的宣传口号。

李品牌对牛仔服装产业的最大贡献是推出了女装牛仔系列产品，在剪裁上突出女性的身材和线条，制作出以青年女性为消费主体、富有青春气息的女士牛仔裤。同时，该品牌又先后创立了适合各个年龄段的牛仔服装品牌，成为美国牛仔服饰产业的一大主流。

威格品牌是美国牛仔裤的另一重要品牌。1904年，蓝铃总公司（Blue Bell Overall Company）成立，推出了工作服形式的牛仔裤，并命名为“Wrangler”牌牛仔裤，创造了蓝牛仔裤的西部形象之典范，主要以西部驯马比赛赛手（Rodeo）为形象标志，在后袋以W型明缉线取代了双拱式装饰明缉线。

上述三大品牌开创了牛仔服装产业化、市场化的历史，牛仔裤经过100多年的变迁，仍以前卫的意识和平民化精神的美学定位，保持旺盛的生命力和服饰文化的感召力，展现出其他服饰无法比拟的特性和魅力，随着社会经济和国际文化交流的发展，牛仔服装的流行也一日千里，进入一个崭新的发展时代。

这种渗透着社会底层劳动者的服装充满了开拓者的豪迈精神，赋予牛仔裤独立、自由、叛逆的气质，特别是蓝色牛仔裤已经成为一种文化符号，深深根植于西方工业革命后的现代西方文化的土壤中，成为牛仔文化的鲜明代表。

二 文化的融合是牛仔服装发展的原动力

美国西部淘金热中形成的牛仔文化在融入欧洲移民文化和印第安人文化的同时，也吸收了其他民族文化的精华，逐渐得到发展。随着美国经济的繁荣和国力的强大，牛仔文化开始风行世界，牛仔裤及牛仔服饰作为牛仔文化的鲜明符号被世界认知。

牛仔裤由美国西部的牛仔和淘金者的工作服演变而来，随着美国西部淘金热潮的兴起，牛仔裤受到了越来越多的矿工、牛仔、筑路工人、垦荒者的青睐，逐渐由劳动者的工作装演变为具有英雄传奇色彩形象的服饰。特别是由于20世纪50年代美国好莱坞西部牛仔电影的风行，影片中西部牛仔独立、自由、粗犷、潇洒的形象，通过好莱坞电影明星们的演绎，在当时青年的偶像、好莱坞影星詹姆斯·迪恩（James Dean）等人身穿牛仔裤彪悍帅气的西部牛仔形象的影响下，在年轻一代人中掀起了牛仔裤的热潮，牛仔裤不再仅限于一条裤子的原始意义，而成为一种充满传奇冒险和开拓进取精神的文化符号。

随着美国经济的发展和牛仔文化的传播，靛蓝色的牛仔裤成为世界上最为普及的时尚服装，从那时起，经过各国服装设计师的创新设计，牛仔服装逐渐成为新的时尚，从蓝领工人到白领职员、青少年学生和商贾大亨，甚至政府高官，都钟爱这种轻松随意、潇洒自由的牛仔服装。

在世界服装史上，从来没有一种时尚服装能够像牛仔服装一样，不受国籍、民族、宗教、年龄、性别、阶级等制约，而受到全世界人们的喜爱（图1-3）。

100多年来，世界服饰风格受到各种时尚元素的影响，涌现出各种不同的新时尚、新风格，但只有牛仔服装仍然保持着经典、超然的风貌。在当今世界，牛仔文化已成为一种国际文化，随着世界经济和文化全球化发展，国际服饰文化交流日益密切，牛仔服饰产品也必将被越来越多的人们熟悉。

牛仔文化促进了牛仔风格产业的形成，据专家估计，与牛仔文化有关的产业约占美国任意消费业的四分之一，除牛仔服装、鞋类、服饰配件等服饰产业外，还渗透到影视剧、报纸杂志、媒体广告、音乐唱片、体育运动等众多领域，这种强大的文化渗透力进一步促进了牛仔文化的风行。

图1-3 影片和生活中身着牛仔裤的詹姆斯·迪恩

三 市场开发促进了牛仔文化的流行

20世纪20年代，牛仔裤主要是美国西部蓝领工人的工装，1926年，李公司推出拉链牛仔裤，在裤装结构设计上提出了“适体剪裁”的设计理念，迅速扩大了公司的业务（图1-4）。

20世纪30年代，牛仔裤由工装裤向休闲服装转变，1938年，李维斯设计推出了女式牛仔裤，使牛仔裤的市场和消费人群进一步扩展。在消费市场由美国西部转入美国东

图1-4 李品牌早期牛仔裤加工厂

部繁华城市时，牛仔裤以其简洁、质朴、休闲、浪漫的服装风格流行起来，成为当时美国流行的一种服装款式。

在牛仔裤的装饰设计上，早期由李维斯推出的金属铆钉和由李公司推出的真皮烙印皮标成为牛仔裤的经典品牌标志（图1-5、图1-6）。

图1-5　李维斯的金属铆钉

图1-6　李公司推出真皮烙印皮标

20世纪40年代，随着战争造成的经济下滑和物资短缺，牛仔裤在结构和装饰设计细节上也做了必要的调整，为节省原材料取消了裤脚反折和口袋盖设计，使裤装更为精简干练，在装饰设计上取消了前开襟、后腰和表带铆钉，由印刷的相似图形代替，纽扣的标志文字用一种月桂树叶图形代替。

20世纪50年代，由于世界经济的复苏和文化交流的频繁，牛仔裤的蓝色粗纹面料成为深受消费者喜欢的休闲服装面料，在款式结构上，牛仔裤呈直筒瘦身状，搭配T恤、印花上衣或机车皮上衣，成为时尚潮流，到了1958年，90%以上的年轻人都拥有一条牛仔裤。

20世纪60年代，出现了反西方体制、反传统的年青一代，牛仔裤成为最恰当地表达追求自我、独立、奔放的价值观和人生观的服饰。1966年，嬉皮士运动在美国爆发，很快这种时尚风靡整个欧美青年群体，追求无拘无束、自由自在的生活方式成为当时年青一代的时髦追求。在这种思潮的影响下，自由、怀旧、浪漫的牛仔裤充分体现了嬉皮士的反叛精神。

随着牛仔裤在世界各国的流行，牛仔裤的款式和装饰设计开始更多地融入其他地区的民族、民俗的服饰文化元素，高腰阔脚、膝部裸露和裤装的做旧、磨破、刷白等装饰处理手法得到广泛应用。这种体现怀旧情结的装饰手段深受追求时尚的年青一代的青睐，对牛仔裤的全球化流行起到了重要推动作用。

20世纪70年代，牛仔裤文化成为服装市场的主流，面料生产、装饰手法、色彩搭配、后整理技术层出不穷，世界许多著名服装设计师开始设计牛仔服饰，举办时装发布会，使牛仔服饰的款式、色彩和装饰都产生了巨大变化，造型夸张的喇叭牛仔裤是这一时期牛仔裤的代表款式。

喇叭牛仔裤低腰短裆，腰部、臀部和大腿处呈合体状态设计，膝盖以下逐渐呈伞状张开至裤口最大，使裤脚口宽度远大于膝盖处宽度，裤长可至鞋面或拖地。此时的牛仔裤设计加入了许多新的时尚元素，装饰手法更加多样，水洗、做旧、撕裂、流苏、绣花、彩绘、金属附件等多种装饰技法的运用，使牛仔服装进入高级时装领域，在全世界范围内形成一种不受地域、国家、民族、年龄、职业、性别限制的时尚服装。也就是在这个时期，喇叭牛仔裤开始被引入我国。

四 创新引领全球性蓝色时尚潮流

20世纪，随着经济的发展和文化交流的全球化进程，牛仔服装开始从美国本土走向世界。到了20世纪60年代，牛仔服装已经成为世界各国广泛流行的一种服装款式，进入20世纪70年代，牛仔服装进入高级时装行列，除了牛仔裤以外，各种款式的牛仔夹克、牛仔套装、牛仔短裤、牛仔裙等系列牛仔服装的上市，使牛仔服装进入了黄金时代。

20世纪70年代，法国品牌费朗索瓦发明了“石洗”和“砂洗”牛仔服装前处理法及采用酵素前处理技术。同时，仿古洗色、人工刷痕、绣花、印花等装饰技术的应用，不仅使牛仔服装产生了更好的着装视觉效果，同时进一步提高了牛仔服装的功能性和审美性，扩大了其应用范围。

20世纪80年代，牛仔裤形成全球性蓝色时尚潮流，牛仔服装的风格向着多元化、艺术化方向发展，其设计理念更加前卫，牛仔服装的风格更加丰富和多样化。受到简约主义和结构主义的影响，女装男性化，街头文化、运动休闲风格的兴起和复古风情的回流，使牛仔服装的款式设计和细节处理更趋向中性风格；蝙蝠袖、垫肩上衣，低腰、反折、水桶式裤装等流行款式相继问世，同时出现了直筒型、瘦窄型、萝卜型、喇叭型等多种牛仔裤型，以显示着装者的个性。

20世纪80年代中期，李维斯首先倡导回归牛仔裤基本型的宣传活动，得到其他老牌牛仔生产公司的响应和支持，五袋式、红裤边、铜纽扣设计的直筒型牛仔裤重新获得推崇，再度成为流行的时尚产品。

20世纪90年代，世界众多的高级时装设计师如乔治·阿玛尼（Giorgio Armani）、吉尔·桑德（Jil Sander）、詹尼·范思哲（Gianni Versace）等都将牛仔服装列入其创作系列，赋予了牛仔服装更多的现代时尚感，并将其推向炙手可热的时尚服饰舞台。

目前，由于经济和纺织科学技术的发展，牛仔服装的面料、颜色、装饰和加工技术都发生了很大变化，面料的品种更加丰富，服装的款式更加多样，色彩和装饰更加亮丽而具有动感。

正因为牛仔服装与其他品种的服装相比，具有不受地域、性别、年龄、民族、职业和季节限制的特点，所以，牛仔服装从诞生之日起到今日已形成全球性发展的局面，显示出了强劲的生命力。如今，牛仔服装已经成为全球普及率最高、人均拥有量最多、应用领域最广、消费量最大和流行时间最长的服装产品。

第二节　我国牛仔服装产业和消费

一　我国成为全球第一的牛仔服装产业集群

20世纪70年代，牛仔服装进入我国市场，很快成为青少年的时髦服装，随着社会经济和科学技术的高速发展，世界牛仔服装的时尚潮流在我国流行起来。同时，因为新材料、新加工技术的研发和生产日益批量化，穿着舒适、方便、简洁、高品质、价格便宜的牛仔服装迅速普及。

自2010年开始，我国已经是世界牛仔布原料和牛仔服饰生产、消费和出口的第一大国。据不完全统计，2011年，我国年生产的牛仔布原料28亿米，占世界总产量的四分之一，年生产牛仔服装25亿件以上，占世界牛仔服装总产量的三分之二，年消费牛仔服装占世界总消费量的三分之一。

我国牛仔服装产业的开发生产虽然起步较晚，但起点高、发展快、配套齐全，已经成为世界牛仔布原料和牛仔服装最重要的生产大国和出口大国，在原料品种、花色和成品牛仔服装质量等方面已基本与国际水准接轨。

近年来，我国更加重视牛仔服装产业的技术创新和设备改造，大量引入技术先进、性能优良、功能齐全的新技术和新设备，如牛仔布原料生产的气流纺纱、自动络筒、球经染色、无梭织机、重型预缩后整理机等先进的技术和设备。

目前的牛仔服装已不是传统意义上的牛仔服装了，新型纤维、新型纱线在牛仔布上得到广泛应用，印花、丝光液氨整理等方法丰富了牛仔服装的风格和手感，不仅扩展了牛仔布原料的应用范围，而且使牛仔服装的风格和种类更加多样化。

产量大、品种多、配套完整是我国牛仔服装产业的又一鲜明特点。牛仔服装产业基地具备了从原料生产到辅料配件生产、产品设计、加工生产、市场销售等完整的产供销体系（图1-7）。

图1-7　广州牛仔服装产业基地

广州市增城区新塘镇是我国规模最大的牛仔服装产业基地，有“世界牛仔看中国，中国牛仔看新塘”的说法。新塘牛仔服装产业起步于20世纪80年代初，如今已发展成为产业链完善、专业的产业基地，形成纺纱、染色、织布、整理、印花、制衣、水洗、漂染、防缩等工序完整的生产系统，其中不少工艺技术处于国内领先水平。

新塘牛仔布原料的年产量达11亿米以上，约占全国总产量的40%。新塘的牛仔品类齐全，产量和出口量居全国首位。全世界60%以上的牛仔服装产于广州新塘，产品远销俄罗斯、美国、欧盟等几十个国家和地区。2011年，新塘牛仔服装行业总产值402.97亿元，占全国牛仔行业的60%以上。

广东省中山市大涌镇的牛仔服装产业起源于20世纪70年代末，以内销和贴牌加工为主，尤其是现代时尚女装牛仔服独树一帜，产业链配套成熟完整。目前，该地已形成以牛仔服装为主，捻线、纺纱、浆染、织布、洗水、辅料生产一条龙的完整产业链，尤其是其洗水技术居于国内先进水平，建立了全国首个“全国服装印花技术研发基地”和“牛仔纺织服装检测站”，在总量、品牌、设计、加工、时尚、技术等方面有着巨大的产业优势。产品以先进的洗水工艺为支撑，以生产男女牛仔裤为主，上衣和裙类较少，牛仔裤年产3亿多条，年产值达63亿元。

广东省佛山市顺德区均安镇牛仔服产业以承接外贸出口和内销业务为主，面料质量和牛仔服装产成品加工质量较高，拥有牛仔纺织服装及配套企业2000多家，年产牛仔服装超过2亿件，产品出口率高达80%以上，年产值超100亿元。

广东省开平市三埠镇被中国纺织工业协会评为“中国牛仔服装名镇”。三埠镇主要利用侨乡资源和开平纺织基地的优势，吸引了众多包括华侨在内的外资企业落户三埠，专门承接来料加工和贴牌生产，拥有纺织服装企业400多家，年产牛仔服装1.5亿多件，牛仔布出口量占广东省三分之一，2010年纺织工业总产值约138亿元。

除广东的四大牛仔服装产业基地外，江苏省常州市和山东省淄博市也是我国牛仔服装重要的产业基地和出口基地。

在我国牛仔服装产业中，常州占有重要地位。常州不仅已建成全国最大的牛仔布生产与出口企业以及国内最大的真丝服装出口生产基地，而且已成为一批国际著名服装品牌在我国的主要生产地之一。

常州的牛仔布产量约占全国的20%，服装产量2.39亿件（套）、出口创汇6.72亿美元，均占据全国服装生产总量和服装出口创汇总额的2%。

山东省淄博市是中国纺织工业协会授予的“中国纺织产业基地”之一，同时也是我国牛仔布原料和服装的重要生产基地，年产牛仔布2亿米；除纯棉牛仔布外，同时开发了非棉、高支、经纬双弹、精梳、灯芯条、彩色丝光、超重、超薄等高附加值的新型牛仔布；牛仔布及服装的装备水平、生产规模、产品档次在国内同行业占有重要位置，拥有海思堡、维肯、东海、华丽、丽纳尔、海天等一批优质牛仔服装生产企业。

二 全民消费时尚

服饰是一种社会文化形态，它不仅是政治、经济、文化、科技和审美理念的载体，同时受到当代社会政治经济、文化艺术、科学技术的影响和制约，在不同的历史发展阶段呈现出不同的精神风貌和鲜明的时代特征。

牛仔服装在我国的流行和普及是一种社会文化现象，它反映了我国对外来文化的吸收和包容，同时也反映了人们对牛仔服饰的款式、色彩、面料和着装方式的崇尚和追求。据调查，目前，我国是世界牛仔服装消费量最大的国家，年消费量达4.5亿件，青年是我国牛仔服装消费的主体，75%的青年消费者拥有牛仔服装3.5件，20%拥有5~7件。

首先热销于我国牛仔服装市场的是“苹果”（Texwood，中国香港品牌）牌喇叭牛仔裤，这种不分性别、门襟一律开在正中位置、具有中性化特征的大喇叭牛仔裤，首先被前卫、时髦的青年接受，使我国传统服饰文化和着装方式受到很大冲击，但流行的群体还仅限于青年（图1-8）。

20世纪80年代，经历了10余年的流行高潮，牛仔服装进入多元化、艺术化时代，随着面料质地、款式结构、色彩装饰、搭配方式等的多样化，使牛仔服装的功能性和艺术性得到更加淋漓尽致的体现，不仅青年人喜欢牛仔服装所具有的充满激情和活力的魅力，中年人也喜欢牛仔服装潇洒干练的时尚，甚至老年人也能穿出年轻和健康的心情，这种平民化、大众化的消费时尚，使我国牛仔服装进入消费高潮。

这种流行的潮流既受到牛仔服装所蕴含的追求开放、自由、平等的精神文化内涵的影响，也体现了消费者对牛仔服装所具备的平民化的特质和功能的需求，概括地说，牛仔服装在我国得到流行和普及有以下几方面因素。

从社会人文因素方面来看，我国经济的腾飞和文化的繁荣，人民的生活水平不断提高，同时也带来了思想的开放和审美理念的深刻变化。因此，对式样陈旧、色彩单调的服装进行创新势在必行，牛仔服装以其男女皆宜、自由洒脱的时尚风格，多样化的款式和适中的价位，以及具有广泛适应性的着装环境成为我国消费者的首选。

图1-8　20世纪60年代的中国香港

纺织科技的发展对我国牛仔服装的流行有着很大的影响，历史上，每一种有关服装技术的创新，都将对服装的发展起到重要的促进作用。

20世纪70年代末，我国牛仔服装产业快速发展，其相关研究开发突飞猛进，建成了具有世界先进水平的产业链，形成了完整的牛仔服装原料、辅料、配件、产成品生产及市场营销体系和产业集群。世界知名牛仔服装品牌和设计师以贴牌或代工等方式大举进入我国牛仔服装产业。我国许多服装企业跟随国际潮流，积极寻求国际合作，在努力扩大国际市场的同时也积极扩大了内销市场，使国内牛仔服装产品的款式风格、内在质量均与国际市场同步，为国内牛仔服装市场提供了价廉物美、品种丰富、现代时尚的牛仔服饰产品，为牛仔服装在国内的流行和推广提供了坚实的物质基础。

三 构筑中华文化牛仔服饰品牌势在必行

由于社会的变革和经济、科技、文化的进步，人民的生活方式和消费理念必将随之改变，服装流行的模式也随之改变。

现代高速、快节奏的工作生活方式，使人们更渴望获得精神自由、平静、潇洒的生活状态，而牛仔服装对天然生态的材料选择、舒适自然的款式结构、朴素无华的湛蓝色格调，正是消费者对服饰艺术追求的最好表达。

牛仔服装能够流行100多年仍保持强劲的生命力，其中一个重要特征是强调人与自然的高度协调，追求平等、自由、舒适的设计理念，能充分表达出着装者自由平等的心理感受。这种风格的服装具有较强的活动机能，同时融入现代时尚气息，对现代人的日常生活、职场工作、休闲旅游、体育活动均有较大的适应性，迎合了现代人的需求。牛仔服装种类的多样化为我国消费者提供了更多的选择空间，包括职业装、时尚装、休闲装、运动装等多种类型，涵盖不同年龄、性别、民族、职业的消费群体，是目前我国最为流行的一种时尚风格。

我国是世界牛仔服装生产、消费、出口的第一大国，但不是牛仔服装品牌的强国，我国出口的牛仔服装产品绝大部分是贴牌或代工产品，在世界顶级牛仔服装品牌中难以寻觅到中华民族文化创意的服装品牌产品，高端品牌的牛仔服装则被西方发达国家公司把持，我国服装企业只能处于微利的底端“制造”环节，民族文化牛仔服装品牌的缺位成为我国牛仔服装产业发展的当务之急。

目前，品牌化依旧是我国牛仔服装产业发展的一个比较薄弱的环节。在我国市场上走俏的中高端牛仔服装品牌依旧以国外品牌为主，我国大部分牛仔产品仍然在走低中端品牌路线或无品牌路线，出口仍以贴牌或代工产品为主，在内销市场其产品主要分布在三、四线城市的商场和店铺，一、二线城市以及主要商场则被国外牛仔品牌占据，这也使得中国本土牛仔品牌很难迈入中高端市场。

事实上，我国拥有世界一流的牛仔服装生产线，从牛仔服装生产的原料到产成品加工，以及纺纱、染色、织布、整理、印花、制衣、水洗、漂染、防缩等一系列牛仔服装生产技术和生产能力均为世界一流水平，就是在中国市场流行的国外牛仔品牌往往也都是由我国企业生产的贴牌产品（图1-9）。

图1-9　我国牛仔服装生产线

在我国牛仔服装产业基地的众多牛仔服装企业中，具有注册品牌少、著名商标少、品牌竞争力弱的特征。例如，在广东新塘牛仔服装产业基地的4000多家牛仔服装生产企业中，仅有1420个注册品牌，其中广州市级以上著名商标仅有6个；广东大涌牛仔服装产业基地的1714家牛仔服装生产企业中，省级以上名牌名标仅有10个。其他地区的牛仔服装产业基地的企业品牌情况与广东的情况基本类似，地方规模较小的厂家甚至生产无品牌产品。

近年来，在我国牛仔服装产业，建设牛仔服装“品牌强国”已经成为行业发展的共识。

“十四五”期间，创建和培育牛仔服装知名品牌、提高服装品牌的市场竞争力、推进品牌的国际化进程、构建良好的牛仔服装知名品牌的生态环境将是我国牛仔服装产业发展的重要任务。

品牌文化是企业在品牌构建过程中经过不断积累和发展而逐渐形成的，其核心是品牌所体现的文化精神和价值观。当代世界高端牛仔服装品牌的竞争也是服装文化的竞争，只有把民族文化作为服装的本源文化加以创新和发展，才能赢得市场的主动权，并引导世界时尚的潮流和发展趋势。

中国牛仔服装产业承载着向世界“品牌强国”发展的重任。与世界顶级牛仔服装品牌相比，我国缺少具有鲜明特色的牛仔服装品牌，在外来牛仔服饰品牌的冲击下，牛仔服装业界必须加强对构筑牛仔服饰知名品牌的自信、自觉和自强的信念，以“品牌文化建设、创意理念创新、品牌价值实现”为核心目标建设适宜品牌发展的生态环境。

现代国际牛仔服装市场的竞争是品牌的竞争，更是企业文化的竞争。我国牛仔服装产业必须塑造具有中华文化特色的企业文化来面对这种市场竞争格局，服装企业文化的培育要从丰富的中华文化中汲取营养及创新活力和动力，通过品牌、产品的经营过程，形成企业自身的文化价值理念、行为规范及产品风格。

用中华文化培育的企业文化对内有利于提高企业的凝聚力、向心力和民族自豪感，对外有利于提高产品和品牌形象，争取更多消费者的青睐和关注。只有把企业文化转化为市场效益和经济效益，才能保持企业的创新力和市场竞争力。

在我国牛仔服装知名品牌生态环境建设过程中，科技创新和产业结构调整是主线。随着世界现代高新技术的发展，牛仔服装行业在服装面料生产、染织工艺改进、设计理念创新、消费时尚理念更新等领域都发生了巨大变化。这种社会经济发展的迫切需求，要求牛仔服装品牌的建设必须以民族文化创意和技术创新为先导，吸收国际顶级品牌的构建和运营经验，把国际纺织品技术标准、设计方法、生产技术等先进技术和管理经验融入品牌建设中，促进我国牛仔服装品牌建设与世界服装产业协同创新发展。

企业创新能力的培育是提高牛仔服装品牌核心竞争力的关键，在牛仔服装产业领域，企业创新力体现在对牛仔服装产品的创意开发能力和关键核心技术的掌握及应用两个方面。我国牛仔服饰产业一直延续着ODM和CEM两个脉络在发展，缺少独立的富有中华文化创意的设计能力。在国际高端牛仔服装品牌激烈竞争的时代，企业只有扎根于中华文化优秀的沃土中，以科学严谨的艺术创作态度，准确把握世界时尚发展动态来进行服装品牌产品的文化创意，使品牌产品具有深厚的民族文化底蕴与鲜明的现代时尚个性，才能赢得市场的主动权和话语权。

第三节　继承创新发展我国牛仔服装装饰艺术

经过100多年的岁月洗礼，牛仔服装在现代装饰艺术与服装设计的影响下不断地探索与发展，以求获得新的突破与创新。

装饰艺术在继承中创新是牛仔服装能够流行百余年长盛不衰的标志。牛仔服装装饰艺术的繁盛是牛仔服装产业高速发展的产物，是艺术和科学相结合的必然结果。

随着牛仔服装在世界的流行和普及，牛仔服装装饰艺术也随着纺织服装科技的进步而发展，每一种新材料、新技术的出现，都赋予牛仔服装装饰艺术更多的表现力，如各种花色品种的牛仔面料、变化多端的装饰工艺、新兴的装饰材料、色彩艳丽的图案和花纹等。每一次纺织科学技术的创新都为牛仔服装注入新的装饰元素，使具有百余年历史的牛仔服装获得了崭新的生命力，掀起一次又一次新的时尚潮流。

在国际牛仔服装市场激烈竞争的时代，谁能用充满民族文化自信的理念把握服饰文化创意与流行趋势，谁将赢得市场和时尚的话语权。

实际上，牛仔服装流行的过程始终渗透着民族文化的精髓，传统的牛仔裤蕴含着美国移民文化的精神内核，使其更富有表现力；欧洲第一个牛仔品牌——洛邑施（Lois），在西班牙民族精神驱使下，公牛的形象被设计成牛仔服装的标识，被视为西班牙国宝级品牌；牛仔服饰传入时装之都意大利，意大利人用独特、个性、创新的设计理念，在剪裁上精益求精，在结构上追求舒适贴身的效果，装饰设计更加新颖、服装款式更加新奇多样，长线条的喇叭牛仔裤、低腰线的裤型、超低裙摆的牛仔裙等新款式尽显女性牛仔服装的玲珑细致和曲线美，彩绘、猫须、做旧、磨损、水洗水磨等新的装饰方法更受年青一代的追捧（图1-10）。

图1-10　西班牙国宝级牛仔品牌洛邑施

在经济全球化的今天，世界各国顶级牛仔服装品牌开始大举进入我国市场。为抢占我国牛仔服装中高端市场，牛仔服饰产品的装饰设计融入了典型的东方元素，以博得我国消费者的认同，提高产品的市场占有率和市场竞争力。

牛仔服装是外来的服饰文化，在牛仔服装产业发展过程中，我们要认真学习国际上牛仔服装发展的先进技术与标准，特别是品牌建设、品牌经营和品牌传播的经验，但是，我国牛仔服装产业的发展水平最终取决于我们对民族文化的传承和经济的发展。

在构建我国具有中华文化内涵的牛仔服装知名品牌过程中，具有中华民族文化优秀传统的服装装饰艺术将发挥重要的引领作用。我国拥有悠久、博大而辉煌的历史文化，中华五千年的文明曾经造就了世界的服饰文明，它们是中华民族文化的外化和载体，是人类服饰文化的宝库，更是我们创建本土牛仔服饰知名品牌的创意源泉。

企业和牛仔服装装饰设计师只有树立自觉、自信、自强的理念，加大对具有“中华文化”时尚创意的知名品牌产品的建设力度，提升我国牛仔服装产品在国际市场的认可度与知名度，变中国制造为中国创造，才能在激烈的国际市场竞争中争得先机。

21世纪，我国经济的崛起，中华文化的复兴，将对未来世界文化的格局产生深远的影响，中华服饰文化凝聚了中华民族深厚恢弘的多元民族文化精髓，在服装的材料材质、款式结构、色彩特征、装饰艺术造型等方面均传递出“天人合一”的文化内涵，其中在服装装饰艺术上有规范、具象、抽象、对称、夸张、写实、写意等各种精彩纷呈的处理手段和风格。装饰图案更是争芳斗艳，不仅有工整精美、布局严谨的传统服饰图案，还有反映各族人民追求美好生活、思想理念、图腾崇拜等装饰或抽象物化符号装饰元素，更有融合了中西方文化精华的图案纹样等。

这些服饰图案虽然装饰风格不同，但总体脉络仍离不开中华文化的根基，从古至今，这些装饰图案应用在服装装饰上，独特的造型、精妙的色彩、巧夺天工的装饰工艺，丰富和升华了中华服饰文化，同时也是世界服饰文化的瑰宝。继承和创新发展我国传统服装装饰艺术，是牛仔服装装饰设计创建本土知名品牌，扩大内销、促进出口，使产品走向世界的可靠保证。

思考题：

1. 了解牛仔服装产生的契机和发展变革。

2. 为什么说民族文化是牛仔服装发展的原动力？

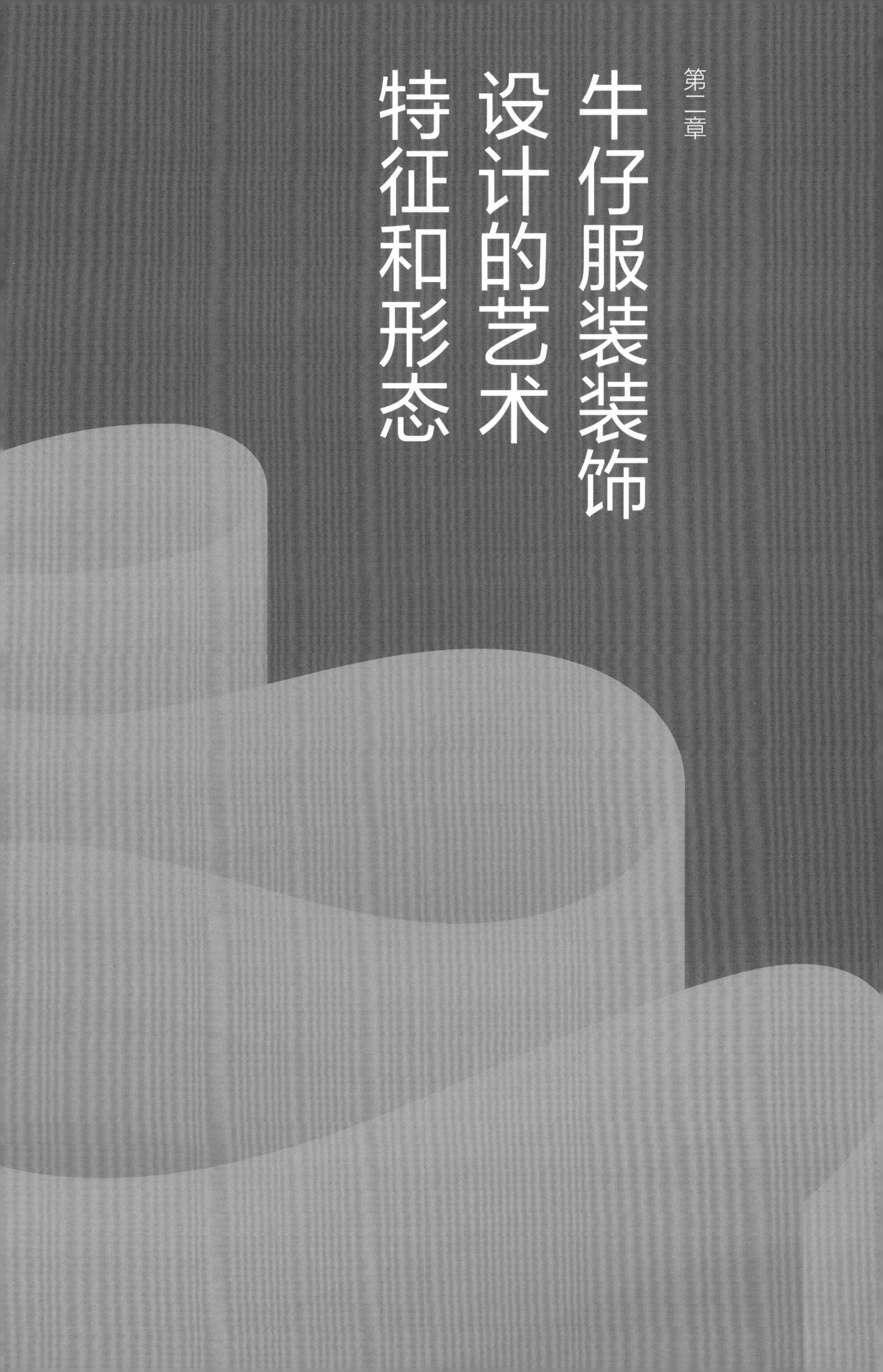

第二章

牛仔服装装饰设计的艺术特征和形态

牛仔服装通常采用蓝色的牛仔布料，这是牛仔服装的标志性特征之一，其布料具有坚固、耐用的特点，其纹理和颜色也为服装增添了独特的质感和风格。牛仔服装的装饰设计注重原始、朴素和个性化的特点。通过牛仔布料、缝线、口袋设计、破洞和刺绣等元素的运用，牛仔服装在艺术上表现出独特的魅力和风格。

第一节　牛仔服装装饰设计的内容和范围

一　牛仔服装装饰设计的概念

牛仔服装装饰设计是运用艺术创意的思维、美学规律和设计程序，选用一定的材料和技术手段，将其设计创意在牛仔服装上表现出来，并通过服装的剪裁和加工，使其艺术创意物化的过程。

牛仔服装装饰设计不仅是对服装的艺术装饰和美化设计，而且应该根据不同国家、民族、民俗、宗教信仰、年龄、性别、性格及爱好的差异和特殊要求进行牛仔服装的装饰创意和艺术构思。

牛仔服装装饰设计是服装整体造型和款式设计的重要组成部分，应基于牛仔服装的整体结构设计、局部款式设计、服饰搭配关系和着装环境，统一而协调地考虑装饰设计的内容、艺术表达形式、装饰材料和装饰技法的运用。

牛仔服装装饰设计在创意构思中有四个主要因素，即市场调研、服装整体、装饰技术和装饰效果。

在市场调研中，首先应明确目标市场。牛仔服装装饰设计应针对服装消费群中某些特定的消费对象进行调研，这需要从国家、民族、文化、性别、年龄、职业、爱好等方面入手，以及根据服用特性、审美心理、着装环境、色彩、图案、装饰工艺、装饰材料和审美的特殊需求，从消费群体中找到统一共性的要素作为设计的依据。

服装装饰的市场调研是与服装产品的市场调研同步进行的，不同目标市场的消费群体必然有不同的消费需求和审美标准及爱好。只有协调服装装饰设计与服装整体设计的款式结构、色彩构成和面料等服装设计要素的关系，使其相辅相成，才能通过装饰设计使服装锦上添花，创造出牛仔服装整体的艺术氛围和满足消费者的审美需求，达到刺激消费的市场目标。

在牛仔服装装饰设计过程中，要善于通过创意的工艺处理手段和新装饰材料的运用来强化装饰设计的艺术效果。例如，牛仔服装面料再造技术、激光彩绘、清洁化染色印花技术、环保装饰材料和配件的合理运用等。

实践证明，只有把牛仔服装装饰设计与牛仔服装造型设计科学有序地结合起来，才能充分体现出牛仔服装装饰设计的完美性、鲜明性和独特性（图2-1、图2-2）。

图2-1　以星宿为灵感的牛仔服装设计（设计师：闫梦琪）

图2-2　以点、线、面为元素的牛仔服装设计（设计师：郦向向）

二 牛仔服装装饰设计的物质性和精神性

（一）牛仔服装装饰设计的物质性

从牛仔服装诞生的历史来看，牛仔服装装饰设计和牛仔服装的发展是同步的。牛仔服装除具有实用功能和审美功能以外，当装饰图案或配饰与服装一起出现在人的身上时，它就具备了社会功能的属性。

牛仔服装装饰处处表达出牛仔服饰文化的本质。可以说，牛仔服装装饰遵循着服装形式美的规律，并以此为基础来表达对牛仔服装的审美感受和审美情趣的物化形态，因此，牛仔服装装饰艺术的发展史也是牛仔服饰文化发展史的重要组成部分。

面料、款式、色彩是牛仔服装设计的基本要素，所以，牛仔服装装饰设计必然要以服装基本设计要素的基本特征为基础而开展艺术创作和创意构思。

首先，牛仔服装装饰设计与服装的款式结构有密切的关系，装饰图案大多位于服装表面比较开阔或明显的区域，如领部、胸部、背部、袖或裤腿、腰部、臀部等部位，同时所有装饰图案都需要借助一定的材质和工艺技巧来实现装饰设计的构思。

适应服装材料的特性和特质，是牛仔服装装饰设计的主要特征。例如，采用不同的原材料、纺织工艺、印染工艺和不同的后整理工艺所制成的牛仔面料，本身就会产生不同肌理、色彩和质感的装饰效果；同一款牛仔服装面料，若采用不同的装饰工艺手段，如采用彩绘、刺绣、珠绣、印花、拉毛、破洞等不同装饰工艺处理，也将产生截然不同的装饰效果。

牛仔服装装饰不仅要考虑装饰图案的审美价值，作为服装整体设计的一部分，还必须与人体和服装设计要素协调统一，进一步提升牛仔服装的功能性和审美性。

（二）牛仔服装装饰设计的精神性

牛仔服装装饰是弘扬传播牛仔文化、引领牛仔服饰流行导向的重要艺术形式。牛仔服装在满足消费者物质需求的同时，也要满足其精神需求，在牛仔服装文化发展中，牛仔服装的物质性和精神性是其缺一不可的两个方面。

牛仔服装装饰设计的图案纹样应具有普遍深远的精神内涵和深刻的寓意。服装装饰的图案纹样不仅是单纯的美化，而是应该紧密地把牛仔服装的物质特性和牛仔文化精神结合起来。例如，牛仔裤的金属铆钉、双缉线装饰不仅满足着装者对服装经久耐穿的功能需求，同时这种装饰更能表达出着装者豪放、自由的精神境界。

在牛仔服装装饰设计中，人是装饰设计的中心，从服装的物质属性来看，消费者的自然属性和社会属性必然影响对牛仔服装装饰的需求，而服装对装饰将产生重要的制约作用，装饰的形式和内容取决于牛仔服装的品种、款式结构、装饰部位，以及选用的图案、色彩、装饰材料和装饰工艺等多种影响因素。

从精神层面来看，不同消费者的信仰和审美理念决定了对牛仔服装装饰的内容和形式的需求，这也决定了牛仔服装的整体风格和审美价值。只有准确地把握消费者的需求，在装饰设计中将装饰内容与人、服装统一协调为一个整体，综合考虑实用功能与审美功能的统一、形式与内容的统一、物质性与精神性的统一，才能达到牛仔服装装饰设计的完美追求。

值得注意的是，牛仔服装装饰设计的物质性和精神性在不同的国家和地区、不同的经济基础和文化需求下，需要予以不同程度的总体把握，根据牛仔服饰文化的发展，随时调整二者的关系（图2–3、图2–4）。

图2–3 以中国传统元素灯笼为灵感的牛仔服装设计（设计师：刘鑫鑫）

图2–4 以戏剧小丑为灵感的牛仔服装设计（设计师：林千一）

三 牛仔服装装饰设计的装饰手法和审美特征

牛仔服装作为一种独立的服装品类，有着独特的文化内涵和设计体系，其设计风格、材料、色彩、加工技术、服饰配件和搭配等都具有鲜明的风格特征，因此，装饰设计必须与牛仔服装的整体风格设计保持一致性和协调性。

随着经济和文化的发展，新的工业技术和不同的文化理念相互渗透，促进了东西方文化的交流，为牛仔服装的全球化普及和流行提供了条件，牛仔服装装饰也从初期的单一的铆钉、皮牌装饰模式向装饰内容丰富、装饰手法独特、装饰技巧多元化方向发展。牛仔服装装饰强化了牛仔服装的设计意图，使服装具备使用和美化的双重功能。

概括地说，牛仔服装装饰技术可以分为传统装饰技术、现代装饰技术和创新技术三大类。

传统牛仔服装装饰技术和手法是经过多年装饰实践优化积累下来的牛仔文化装饰风格，如凝聚着牛仔风情的靛蓝色系、张扬而富有活力的斜纹棉布、彰显雄武气概的金属铆钉、灵动而潇洒的裤袋装饰、自由飘逸的大针脚线迹装饰等。传统的牛仔服装装饰虽然简洁单纯，但它是最具牛仔文化特征和充满粗犷随性、奔放自由的服饰审美艺术风格的装饰技巧，始终体现出牛仔服装经典服饰文化的本质特征（图2-5）。

与时俱进是牛仔服装装饰艺术的又一鲜明特征，牛仔服装装饰工艺是随着现代社会科学技术的进步而发展的，新型面料、新加工缝纫技术和设备、新装饰材料、新装饰手

图2-5　传统牛仔装饰手法（设计师：高雯文）

段等都被积极地融入现代牛仔服装装饰设计中，使牛仔服装装饰设计引领时尚发展前沿，其日新月异的发展更符合消费者日益增长的消费需求。

现代的牛仔服装装饰技术手段很多，根据不同的牛仔服装类别、风格和功能的需要，可以在牛仔服装的各个部位设计不同的装饰图案（图2–6）。

将传统服装装饰工艺与牛仔服装装饰有机结合，可以形成一种新颖独特的装饰手法，从而产生更为生动的服饰美感。例如，利用刺绣在牛仔服装的相应部位绣出各种图案或制成贴花绣等装饰，使牛仔服装呈现出柔美优雅的装饰效果，同时又不失牛仔服装固有的前卫性。牛仔服装的装饰手法还有很多，如利用纽扣、装饰线、蕾丝、流苏、拼贴、珠绣等传统装饰工艺，不仅提高了服装的艺术品位，而且使其更为时尚。

除运用传统装饰工艺外，还可充分利用牛仔服装独特的面装饰工艺，如石洗、猫须纹处理、人工损伤装饰、抽须处理、印染、喷绘、喷砂、植绒、手绘等工艺，可使服装款式、色彩和风格更加丰富多彩（图2–7）。

牛仔服装装饰设计作为服装装饰设计艺术的一个门类，与其他服装装饰设计艺术有共性，但也有自身的设计规律和艺术语言。服装装饰设计的审美特点是以突出和强化服用者需求为主要目的，牛仔服装装饰设计正是通过这种形式和内容的整体艺术美来表达自身情感和时代精神。

牛仔服装的设计是一种综合性的艺术形式，所以，牛仔服装装饰设计的个性风格和艺术品位必须与服装的整体造型设计和谐统一，这样才能使服装的实用功能和审美功能达到完美的结合。

图2–6　在不同部位进行牛仔装饰（设计师：白祎菲）

图2-7　在白色牛仔上进行彩色装饰（设计师：胡紫月）

四 装饰设计在牛仔服装发展中的作用和价值

牛仔服装装饰设计是以牛仔服装为装饰客体进行艺术创意设计的，所以，装饰设计必须与服装设计客体实现有机结合，成为统一和谐的整体，以增强其所设计服装的功能性和舒适性，提高服装的装饰和审美效果，增强消费者自我个性的表达，提高品牌和服务的经济价值和社会效益。

（一）提高服装的整体审美价值

牛仔服装的装饰不仅体现在服装表面的纹样、图案、配饰、装饰材料、装饰技术等装饰因素上，同时也体现在与服装功能、审美相结合的服装造型、款式结构、面料、色彩及加工工艺等服装造型要素上。只有把服装的装饰因素与造型要素有机协调为一个整体，才能取得满意的装饰效果（图2-8、图2-9）。

（二）消除服装阶层的限制

牛仔服装装饰的内容、形式和象征性具有明显的社会属性，通过装饰不仅反映了人们的物质需求，而且反映了人们的精神需求、审美需求和个性化需求，同时消费者的社会属性也能得到认同和体现。

通常服装是彰显职业、社会地位、宗教、种族、性别等的重要标志，而牛仔服装跨越了社会阶层的限制，削弱或消除了这种标志。

图2-8　服装造型与装饰要素的协调（设计师：陈姿）

图2-9　满足审美需求的牛仔服装设计（设计师：陈姿）

20世纪30年代，牛仔服装还只扮演着工作服的角色，经过美国好莱坞影星们对西部牛仔形象的宣传和世界著名服装设计师大批进入牛仔服装设计领域，牛仔服装已经演变成一种时髦的现代服装模式。无论是高官显贵、商贾大亨、演艺明星还是平民百姓，对牛仔服装的喜欢使其消除了社会阶层的限制。这种平民化的朴素、奔放、自由的精神内涵也是牛仔服装百年来长盛不衰的重要原因之一。

（三）满足个性化的时尚需求

牛仔服装装饰是消费者强化个性表达的重要手段。在服饰文化多元化时代，人们往往通过服饰来体现现代感和时尚追求，可在群体中通过不同的装饰来彰显个性。自牛仔服装诞生之日起，牛仔服装装饰设计就对牛仔服装的流行发挥了重要的促进作用，金属铆钉、皮牌、红旗标、双拱线等装饰不仅塑造了牛仔裤的浪漫形象，而且成功地将其由农牧区带进繁华都市，使牛仔服装进入流行服装行列（图2-10、图2-11）。

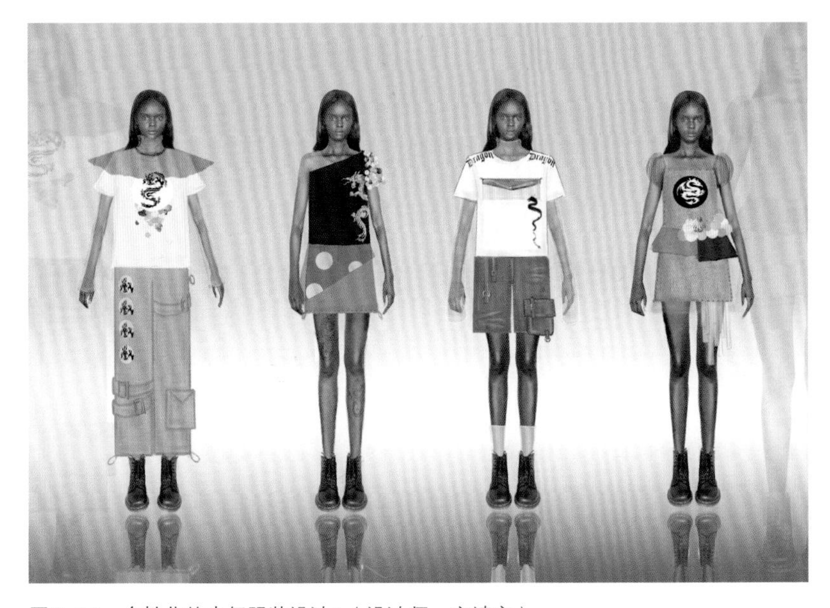

图2-10　个性化的牛仔服装设计1（设计师：高靖宇）

图2-11　个性化的牛仔服装设计2（设计师：李晓彤、黄子健）

在近代世界服饰文化发展的历史节点上，牛仔服装装饰艺术与国际流行的服饰文化同步发展，并且起到先导性作用。

20世纪50年代受到“避世派”反传统的影响，作为标志性服饰的牛仔裤被裁成瘦身式样，出现七色“阿罗哈”印花上衣；20世纪60年代“嬉皮士”运动中，牛仔服装装饰出现原始的图案、神秘的色彩、宽松的款式，磨破、刷白、流苏、抽褶等装饰成为“嬉皮士”体验怀旧感最流行的表达方式；20世纪70年摇滚风格流行翻边牛仔裤、牛仔短裙，牛仔装饰流行表达青年自我的无特定标志的印花图案，特别是石磨、做旧、撕裂、破洞等各种表达摇滚风格的牛仔服饰流行满足了青年一代个性化的时尚需求。

此外，影响时装界风格的极简主义、解构主义设计理念对牛仔服装装饰的风格同样产生了重要影响。

（四）装饰是产品商业价值的重要体现

1.品牌和商标是企业的无形资产

牛仔服装的品牌和商标是企业的无形资产，它最原始的目的就是让人们通过一种比较容易记忆和辨识的形式来记住某一商品或企业，使自己的商品或服务与他人的商品或服务相区别，进而设计在商品及其包装上或服务标记上的可视性标志，如文字、图案、符号、数字、三维标志和颜色组合等。

牛仔服装优秀的品牌和商标在载体方面表现得较为突出，如金属铆钉、真皮标牌、小红旗、双缉线，既是李维斯品牌著名的商标，也是其重要的装饰手段。这四大标志不仅可作为李维斯牛仔裤的独特标志，也可作为装饰元素被应用到牛仔服饰及系列的单品上。

此外，牛仔服装知名品牌，如李品牌、洛邑施品牌等在品牌和商标设计上都是作为独特的装饰元素成为商品的重要标志，同时蕴含着品牌的商业价值。

2.优秀的装饰设计是刺激和引导消费的重要手段

在消费过程中，首先引起消费者关注的是服装的色彩和装饰，一件装饰设计时尚、装饰材料精美、装饰工艺精巧的牛仔服装是刺激消费者购买欲望的重要条件，有时一种新的装饰技艺会促成一种新的装饰风格。例如，20世纪70年代，法国品牌费朗索瓦首创的石磨洗牛仔法，不仅是一种新的装饰技法，而且使牛仔服装装饰设计的风格、手段产生了重大变革，为牛仔服装产业创造了巨大的经济价值。同样，迪士尼（Disney）品牌牛仔童装充分发挥了迪士尼卡通形象的装饰作用，成为世界童装产业的知名品牌，人们看到这些生动活泼的卡通装饰图案，自然引发对迪士尼牛仔童装的购买欲望。

第二节　牛仔服装装饰的艺术风格特征

一 牛仔服装装饰设计与服装风格的相关性

牛仔服装发展的历史就是牛仔服装装饰艺术不断丰富、繁衍、创新、发展的历史。

牛仔服装的设计离不开牛仔服装装饰艺术的作用，装饰是牛仔服饰文化本质精神的一种表达，它通过款式结构、面料肌理、色彩、图案、纹样等装饰手段和技巧，形成了牛仔服装的标志性特征。

牛仔服装装饰设计是牛仔服装设计中的重要环节，牛仔服装在世界范围内广泛流行和普及推动了牛仔服装装饰艺术的进步。牛仔服装装饰艺术的发展也证明了牛仔服饰文化的繁荣。

牛仔服装装饰艺术的出现具有特殊的文化背景，蓝色的斜纹布、坚实的双缉线、金属的铆钉，是牛仔文化形成初期，淘金矿工和西部牛仔应对繁重劳动，并兼具服饰功能性与审美性的产物。随着美国牛仔文化的流行，牛仔装不再只是工装的代名词，特别是李维斯、李等品牌牛仔服装的出现，深受年轻人喜欢，牛仔服装步入了流行时装行列，传统的牛仔服装装饰风格和类型也发生了很大变化，极大地丰富了不同着装人群对牛仔服装的需求。

20世纪70年代以后，科学技术高速发展，特别是融入后现代主义美学装饰理念的装饰设计，在形式和内容上强调色彩绚丽、材料精细、技法多元化的发展方向，使牛仔服装装饰效果极具装饰感和艺术审美价值。这种装饰理念在牛仔服装装饰设计中得到广泛的应用，促使服装设计师和消费者共同寻找更多、更独特的方法去表达对牛仔服装文化的追求。

这时牛仔服装装饰设计更多采用工艺和技术相结合的方法，相比初期的牛仔服装装饰设计更具有创新性，其多元化、个性化的装饰特点体现在牛仔服装设计的各个要素中（图2-12）。

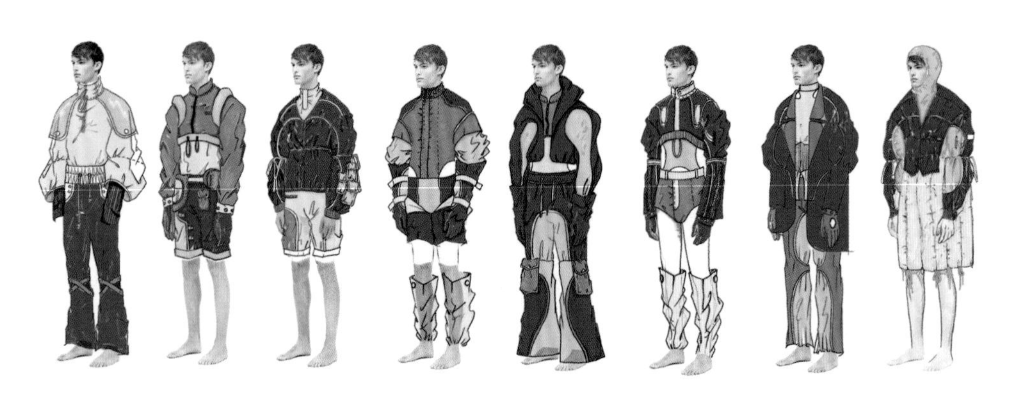

图2-12　具有未来感的牛仔服装设计（设计师：郑夏童）

装饰素材的多元化促进了牛仔服装的全球化发展，在装饰图案和纹样中，更多地借鉴了世界各民族的传统装饰图案，使牛仔服装装饰呈现历史和民族文化特色。牛仔服装在世界范围内流行，必然融合了世界多个民族的文化特色。其中，波西米亚装饰风格对牛仔服饰艺术产生了重要影响，这种装饰风格首先在英国流行，后来迅速扩展到欧洲和北美地区（图2–13）。

图2–13　波西米亚装饰风格牛仔服装设计（设计师：陶柏辰）

20世纪70年代以后，牛仔服装装饰趋向于追求用丰富的色彩和多变的装饰手段来塑造服装的性感、优雅、华丽和时尚，同时，摇滚、朋克等前卫装饰风格反映出牛仔服装文化追求自由的个性。在色彩上，大片鲜艳的红色、黄色与牛仔蓝相互冲撞，装饰上大量采用民族图案、刺绣、镂空、流苏、酸洗等装饰手法。在牛仔服装装饰领域，除欧洲保留了波西米亚民族特色的装饰风格外，在其他地区，如非洲、亚洲，牛仔服装的流行都能紧跟时尚潮流，与区域性民族文化融为一体。这种融入了民族文化特色的装饰元素，是牛仔服装能够迅速在全球普及和流行的重要原因（图2–14）。

自20世纪70年代牛仔服装进入我国后，中华传统装饰元素在牛仔服装装饰领域得到广泛应用。有着悠久历史和辉煌成就的中华传统服饰图案纹样，逐渐被运用到牛仔服装装饰创意素材中，富有深奥哲理的中华文字，表达美好意愿和祝福的吉祥图案，形象概括、动态优美的动植物纹样，色彩质朴、造型优美的装饰纹样等，都是塑造富有中华民族特色的牛仔服装最宝贵的装饰素材。

目前，由于不断融入现代纺织科学技术手段，大量采用品种丰富多彩的新型牛仔面料、新型装饰材料与装饰技术，牛仔服装装饰艺术逐渐向多样化和时装化方向发展。

图2-14　欧洲装饰风格牛仔服装设计（设计师：李悦）

牛仔服装面料是牛仔服装装饰设计的基础，现代纺织科技的发展使牛仔服装面料发生了日新月异的变化，由早期的纯棉蓝斜纹布的单一面料发展为采用不同纺织技术、原料成分、染色工艺等新技术生产的具有多种用途的牛仔面料，这种多用途的新型面料不仅极大地丰富了牛仔服装的品种和规格，也为牛仔服装装饰艺术提供了更广阔的发展空间（图2-15、图2-16）。

图2-15　新型牛仔面料1（设计师：吴紫婧）

图2-16　新型牛仔面料2（设计师：沈悦扬）

二 影响牛仔服装装饰设计的几种现代风格

随着现代时尚的变化，牛仔服装装饰艺术风格受到不同时期风格的影响，涌现出新时尚、新风格。这种新的装饰风格是在吸收牛仔传统服饰文化的基础上融入新的设计理念而创新和发展的。

牛仔服装装饰设计创新思维的核心，是更关注消费者对物质和精神的需求及对周围环境的协调，使牛仔服装的精神和物质需求更加融合。这种协调和融合就是一种沟通人与自然、人与社会、人与环境的创造性活动，也是牛仔服装装饰设计的依据和出发点。

（一）自然、和谐、浪漫的传统牛仔风情

自美国西部牛仔裤诞生到牛仔服装成为世界上流传最广、普及率最高的服饰产品，牛仔服装豪放、浪漫和自然的时尚风格对广大牛仔服装消费者有着无穷的魅力。

传统牛仔服装装饰风格追求自由而洒脱、浪漫而自然，是以高度与自然和谐为主要特征的一种服饰风格。装饰设计以蓝色粗斜纹布、金属纽扣、铆钉、双弧缝纫线、皮标为主，是牛仔服装独特的装饰设计元素。

每一个经典的牛仔服装标志都蕴含着独特的传统文化和个性化的特征，诉说着牛仔文化的历史，同时也让现代时尚呈现出原野的豪放，只有把这些独特的设计元素巧妙地应用在单品的设计中，才能让人感受牛仔文化的魅力。

图2-17为一款传统风格牛仔服装，牛仔短夹克采用铁灰色水洗牛仔面料，领、袖

口、前襟、口袋及下摆均运用双缉线装饰，金属纽扣构成视觉中心，结构简约随性，但富有立体感和层次感；裤装为传统五袋直筒牛仔裤，经洗白、猫须装饰，后腰的铆钉、真皮标牌等设计元素朴实自然，营造出一种朴素、浪漫的形象。

图2-18是一款时尚干练的牛仔女装设计，该设计是在传统牛仔服装基础上演变的一种现代时尚的低腰、瘦身、细腿反折的款式，采用莱卡砂洗装饰的面料呈现立体的花纹肌理，使服装炫耀出青春的活力、表达出自由浪漫洒脱的服装个性，使传统的牛仔文化与现代时尚达到和谐统一。

图2-19是一组青春时尚的牛仔男装设计，该设计兼顾了传统牛仔服装的豪迈和现代平民化的前卫精神，使其保持了旺盛的生命力。该组牛仔服装在面料、颜色、款式、装饰手法等方面都进行了较大变化，可以满足不同消费群体的需要。

图2-17　传统风格牛仔服装

图2-18　时尚干练的牛仔女装

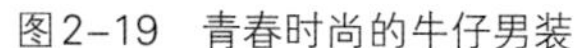

图2-19　青春时尚的牛仔男装

（二）简约休闲风格

现代人对服装的消费更多注重的是个性化需求。“回归自然”一直是牛仔服装风格流行的主题之一。现代社会生态环境的破坏、快节奏的工作和生活、激烈的竞争压力等，使人们更渴望获得精神的舒缓和自由，追求生态、安全、平静的绿色生活方式，渴望回归自然的心理需求和对自然物态的重新塑造成为休闲风格服装盛行的主要原因，而休闲风格的牛仔服装对天然生态的材料选择、舒适自然的款式结构、朴素无华的色彩格调，正是这种设计理念的最好表达。

休闲风格的牛仔服装装饰的主要特征是强调人与自然的高度协调，追求轻松、自然、舒适的装饰设计理念，能充分表现着装者悠闲自在的心理感受，具有一种悠然宁静的美。这种风格的服装具有较强的活动机能，同时融入现代时尚气息，对现代人的日常生活、职场工作、休闲旅游、体育活动均有较大的适应性，迎合了现代人的需求，是目前世界牛仔服装最为流行的一种时尚风格。

简约休闲风格的牛仔服装装饰设计是在汲取传统牛仔服饰理念精华并结合民族服饰文化精髓的基础上，找到与现代时尚的融合点，追求一种不要任何虚饰的、原始的、纯朴自然的美，把生态服装装饰设计理念和精神贯彻到现代牛仔服装设计中，珍惜自然资源，引入生态环保的新材料及流行色彩，在装饰设计上倡导简约、朴实、实用的服装形象。

简约休闲风格的牛仔服装装饰设计的特点，是崇尚回归自然的简约而反对烦琐的装饰，以薄型、柔软、舒适的牛仔面料为首选，款式以自然随意、朴素大方为主，色彩清新恬淡而富有活力，装饰图案纹样追求面料肌理的自然表达或富有自然情趣。

图2-20是李维斯品牌设计的简约休闲风格女装，整体风格自然、随意、简洁，强调减量化设计和服饰的可搭配性。该组牛仔服装的装饰设计创意，无论是牛仔衬衫、牛仔短裤、牛仔套装，还是牛仔裤，都选用了洗白的牛仔面料，使服装面料的肌理平和自然、轻柔舒适，每一款服装都能以温暖感性的色彩和单纯质朴的结构散发出浓浓的青春气息。蓝

图2-20　简约休闲风格女装

色长款牛仔衫与黑色瘦腿紧身牛仔裤搭配、深蓝色牛仔衬衫与棕色牛仔长裤的组合等突出了服装的随性和自然。

图2-21是一款简约休闲风格的牛仔服装装饰设计，上衣是轻薄、柔软的花格丝绸短袖衫，裤装是采用石洗破洞装饰的牛仔服装面料紧腿长裤，整个装饰表现出女性温柔、迷人的风采，带有一种悠闲浪漫的、平民化的田园风情。

图2-22中，裤装装饰设计采用浅蓝色水洗拉毛面料，低腰、瘦身的款式结构突出了女性窈窕漂亮的曲线，上衣短袖纯白T恤与牛仔裤的组合搭配，使服装表达出时尚气息。装饰设计通过洗白处理工艺，在腰头、裤面和裤脚处形成不规则的色彩变化，突出了服装的层次感和动感，破洞装饰使服装更具时尚感。

图2-21　简约休闲的牛仔服装

图2-22　简洁时尚的牛仔服装

（三）生态环保主义风格

在现代社会生活中，人们充分地享受经济发展所带来的丰富的物质生活，但也饱受因资源过度开发导致的环境恶化、空气污染、生态破坏所带来的惩戒。生态环保是现今社会人类生活的迫切需求，绿色、低碳、健康、环保将成为服装的主旋律，人们对服装不再单纯追求其华丽的外在效果，而是倾向于与生态社会环境相适应，能充分展现生态牛仔服装舒适、安全、健康的服饰风格和艺术美感。

生态环保低碳的牛仔服装要求在原辅料、生产加工、装饰材料及工艺、消费使用、资源回收等全产业链过程中，都要做到无污染、保护环境、对人体无害，并且符合相关的生态纺织品标准要求。装饰设计同样要求所用的装饰材料、配件、图案纹样色彩、装饰工艺等符合相关生态环保标准。

绿色设计理念使人类社会与自然达到了高度统一，成为牛仔服装装饰设计的热点。科学技术的进步、新材料的问世，使服装设计向着个性化、自然化、环保化的方向发展。这种风格形成了生态牛仔服装装饰设计中一种重要的服装风格特征，下面介绍几例生态环保主义风格牛仔服装装饰设计实例。

图2-23是比利时著名服装设计师马丁·马吉拉（Martin Margiela）设计的生态环保主义风格牛仔服装。设计师对该组服装的创意设计和剪裁赋予了牛仔服装优雅恬静的内涵，从面料、板型、剪裁和装饰设计方面都赋予了牛仔服装新的概念。

图2-24是美国著名设计师卡尔文·克莱恩（Calvin Klein）设计的生态环保低碳牛仔服装，设计师在创作理念上有明确的生态环保意识，在全产业链中执行生态环保标准。该款服装面料选择生态水洗牛仔面料，牛仔裤的结构设计简洁、适体，可在任何场合服用，

图2-23　马丁·马吉拉设计

图2-24　卡尔文·克莱恩设计

无形中减少了对物料和能源的消耗。装饰设计也秉承生态环保的原则，简单、生动活泼有动感，凸显女性的时尚感。

（四）民族化时尚风格

牛仔服装100多年的发展历史，充分说明了牛仔文化与世界各民族文化不断融合的过程，在民族化的基础上不断创新发展使世界性和民族性达到和谐统一，创造了牛仔文化与民族文化相融合的时尚。

150年来，牛仔服饰始终引领着时尚潮流，突破了地域、宗教、文化的界限。从粗犷的西部牛仔到青春质朴的平民装扮，牛仔服装显示出蓬勃超强的生命力，民族化装饰风格的兴起对牛仔服装的国际流行风潮起到了极大的推动作用。

图2-25服装是中国原创服装设计师吉雅其（Zayach）在吸收传统牛仔文化基础上与蒙古族服装风格相融合的设计作品。该组服装赋予了牛仔服装新的现代时尚内涵。整组牛仔服装设计在装饰风格上具有现代构成的美感，完全弃用了女装常用的刺绣、蕾丝、缎带等装饰手段，充分发挥提花牛仔面料肌理的装饰作用，达到了简约生动的着装效果，并通过少量的细节处理使服装具有现代设计的美感。

图2-26是具有意大利浪漫色彩的MISS SIXTY品牌牛仔裤设计。该作品以独特的牛仔裤创意设计和温暖、性感的色彩组合描绘出女性的魅力。

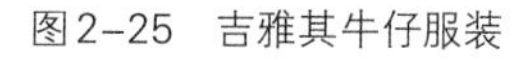

图2-25　吉雅其牛仔服装

图2-26　意大利浪漫风格

非洲风格的牛仔服装是将各种牛仔时装面料与非洲的印花相结合，使牛仔文化与非洲原生态文化得到完美结合，成为一种流行的穿着方式（图2-27）。

牛仔服装传入我国以后，在结构、色彩和装饰风格等方面逐渐融入中华传统文化元素。图2-28是一款富有中国文化元素的女式牛仔套装，裙装采用了旗袍造型，面料经水洗、彩绘、镶嵌多种装饰工艺处理，洋溢着青春的律动感，短款的夹克配以立体感贴绣和拉毛装饰，构成了整款造型的视觉焦点，显示出浓郁的中式风情。

在牛仔服装的流行过程中，服装进入一个新的市场，具有该市场民族文化内涵的装饰将发挥重要的市场开发和消费引导作用。中国是世界最大的牛仔服装消费市场，以中华文化为装饰创意的牛仔服装作品成为国际时装T台上新的亮点。例如，阿玛尼等知名品牌均在进行深入市场调研的基础上推出了富有中华文化特色的牛仔时装。

图2–29裟蔻（SHAKOU）牛仔龙纹图腾服装设计作品中加入了具有辨识度的龙纹元素，在结构设计上采用经典牛仔套装设计，装饰工艺则采用了中国传统刺绣工艺。整款服装显示出浓浓的“中国风”以表达吉祥寓意。在另一款服装中，中式的盘扣和立领为牛仔服装注入新的活力，牛仔的挺括和中式裁剪风格相结合，在舒适中体现出一份桀骜不驯的洒脱。

图2–27　非洲风格

图2–28　中国文化元素风格

图2–29　新中式牛仔服装

图2–30为阿玛尼设计的一组“中式风格”的牛仔时装作品。这组作品从中国传统绘画中吸取创作灵感，采用薄型牛仔面料，领口的设计吸取了传统服饰元素，色彩的设计和搭配也从中国古典服饰中得到启迪，整个装饰设计充满了中式风情。

图2–30 阿玛尼“中式风格”作品

（五）灵动组合的搭配设计

在牛仔服装装饰设计中，充分利用新资源和新材料、新技术、新创意，使服装有了更多的灵动空间和组合功能，更加有效地扩展和延伸了牛仔服装的款式、结构、色彩的服用功能。

通过牛仔服装面料的选择、色彩设计、不同的款式结构和装饰设计，使牛仔服装的品种突破了传统局限，实现了任意组合搭配和着装多样化功能，提高了服装使用效率和品种风格多样化，达到功能与审美相结合的消费实效。

思考题：

1. 简述装饰设计在牛仔服装发展中的价值体现。
2. 简述牛仔服装装饰的艺术风格特征。

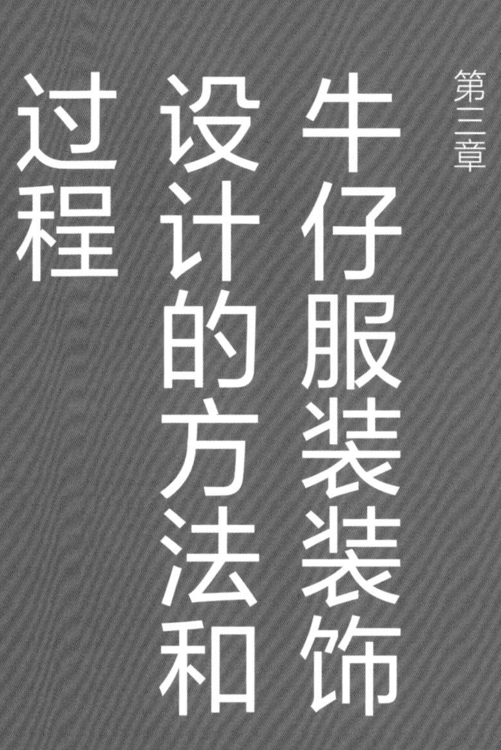

第三章

牛仔服装装饰设计的方法和过程

牛仔服装的装饰设计应与牛仔文化和风格相一致。考虑到牛仔服装的历史、文化背景和意义，确保装饰元素与牛仔主题相符合，传达出牛仔精神和风格。确定装饰设计的重点，在于突出服装的关键部位或特定细节。通过巧妙的设计和装饰，使服装更加引人注目。

注入创意和个性化的设计元素可使牛仔服装在视觉上更富有个性和独特性。这些可以通过独特的刺绣、图案、色彩组合、材质选择等方式来展现设计师的独特视角和创意。选择合适的材质、装饰物等，可使服装在触感和视觉上都能呈现高品质和精致感。

第一节　牛仔服装装饰设计的原则

牛仔服装装饰设计是与服装设计和制作工艺相结合的一种艺术形式。服装装饰设计有多层次的含意，广义上是指对牛仔服饰的结构款式、色彩及装饰图案纹样的创意，按牛仔服装的功能性和审美性要求，依据面料、制作工艺所创作的设计方案；狭义上是指牛仔服装装饰设计，包括以牛仔服饰面料肌理、款式结构造型为媒介的花样、纹样及独幅的装饰画作品的设计。

装饰设计与服装的用途、工艺条件、市场需求相结合是牛仔服装装饰设计创意的基本手段，因此，应遵循以下基本原则。

一　牛仔服装装饰设计的市场导向

随着牛仔服装产业的发展，当今牛仔服装装饰艺术必须坚持以市场为导向的原则，也就是说，牛仔服装装饰艺术的创新与发展，要从市场需求出发，把握服装流行趋势，把立足点和归宿点放在建设具有中华文化的牛仔服装品牌上来，把中国制造变成中国创造。

牛仔服装装饰设计要做到以市场为导向，首先要明确牛仔服装装饰设计的目的和任务。牛仔服装装饰是牛仔服装的重要组成部分，而服装是为消费者服务的，因此牛仔服装装饰设计的市场导向与牛仔服装的市场导向是一致的。

牛仔服装是世界上消费最大的服装品种，牛仔服装装饰设计面对的市场可以细分为两类，一类是国际市场，另一类是国内市场。

从国际市场角度来看，世界上有50%以上是牛仔服装的消费者，遍及世界五大洲，各地区和国家的经济文化发展水平不同，对牛仔服装的消费需求和审美价值也有很大区别。因此，必然对牛仔服装的装饰设计有不同的要求。虽然我国是世界牛仔服装生产和出口的第一大国，但是，我国牛仔服装产业是在贴牌或代工基础上发展起来的，对国际市场的差异化研究仍然是我们的薄弱环节。因此，加强对国际知名品牌的研究，通过研究、吸收、再创新发展我国牛仔服装装饰艺术，是构建民族化牛仔服装品牌参与国际市场竞争的一项重要工作。

在国内市场，我国具有世界最大的牛仔服装消费群体，但高中端牛仔服装市场基本被国际知名品牌占据，牛仔服装装饰设计的国内市场导向，就是充分研究国内各个不同层次的消费群体对牛仔服装装饰设计的需求，并且努力创新发展满足这种需求，这样才能取得市场的主动权（图3-1）。

图3-1　中山市山水丹宁牛仔服装研发中心产品

牛仔服装装饰设计以市场为导向的发展方向，不仅是我国牛仔服装生产企业产业结构调整和技术创新发展的需求，也是我国广大牛仔服装消费者的迫切需求。

牛仔服装装饰设计创新，不仅将促进牛仔服装产业结构的调整和技术进步，也将极大地增强我国牛仔服装产业在国际服装市场的竞争地位。

二 以消费需求为依据

随着社会对牛仔服装需求不断增大，企业向市场提供数量更多、品种更丰富、质量更优的产品，以便更好地满足消费者的消费需求。

同样，随着人们物质生活和文化生活的差异，对牛仔服装的消费需求也必然呈现多样化、多层次的需求特点，满足消费者对牛仔服装装饰设计的需求是企业和设计师的首要责任，这种需求应包括以下五个方面。

（一）对牛仔服装功能性的价值需求

牛仔服装装饰是服装的重要组成部分，牛仔服装的功能价值是消费需求的基本内容。装饰设计的面料肌理选择、装饰材料的利用、装饰部位的确定等都将对服装的舒适性、环保性等功能产生重要影响，是影响牛仔服装功能性价值需求的重要因素。

（二）对牛仔服装审美的需求

消费者除对牛仔服装产品的功能性需求以外，还会考虑服装的审美价值，在某种意义上讲，消费者对牛仔服装的需求也是对其审美价值的肯定，对牛仔服装审美的需求主要体现在装饰设计的风格、材质、工艺水平、造型、色彩等方面。

消费者在重视服装品质的同时，还希望牛仔服装具有精美的装饰设计、和谐的色彩等审美情趣的特点（图3–2）。

图3–2　满足不同审美需求（设计师：李志颖）

（三）对牛仔服装个性化的需求

牛仔服装装饰设计具有鲜明的时代印记，在牛仔服装发展的历史节点上，牛仔服装装饰设计总能反映出人们追求消费的时代性而适应社会和经济文化的变化。

消费需求的变化，要求牛仔服装装饰设计随之变化，能反映服饰文化的最新潮流及最新的设计理念。在某种意义上讲，牛仔服装装饰设计的时代性是牛仔服装产品的生命线，一旦被时代淘汰，很难在激烈的市场竞争中立足。

消费者追求牛仔服装的个性化需求是牛仔服装能在全世界迅速流行和普及的重要因素。牛仔服装装饰设计的核心，是要关注消费者对产品的个性化需求和对服装审美的心理感受，装饰设计应力求使牛仔服装的精神需求和物质需求更加协调与统一。这种协调和融合就是沟通消费者与自然、社会、经济与文化的创造性活动，是牛仔服装装饰设计的依据和出发点（图3–3）。

自美国西部牛仔服装的诞生到牛仔服装发展成为世界上流传最广、普及率最高的服饰产品，消费者对牛仔服装的风格、衣饰、色彩等有不同的个性化需求。因此，牛仔服装装饰设计必须考虑与不同消费者的个性化需求的契合，才能赢得消费者的青睐和市场的主动权。

例如，有100多年历史的李维斯品牌在经典和时尚之间始终保持着融合，当洗白、做旧、破洞、拉毛、猫须等装饰工艺在青年一代流行的时候，李维斯品牌主动颠覆了自己老牌牛仔裤形象，吸收新的装饰设计元素，努力创新使产品一直走在时尚的前列，满足市场的需求。

图3-3 满足个性化需求（设计师：李志颖）

（四）满足社会象征性的需求

牛仔服装经过多年的发展已经形成品种齐全、款式丰富、风格多样的服饰品种，可以满足不同职业、性别、年龄层次的消费需求。

在牛仔服装装饰设计上除保持其平民化特有的精神内涵以外，特别是牛仔服装进入时装领域，消费者对高、中、低档服装的消费需求反映了消费者对服装的社会象征性心理的要求，同样牛仔服装装饰设计应根据商品的不同需求，采取不同的装饰手段和表现形式。

（五）优良服务的需求

随着牛仔服装产品市场的发展，牛仔服装企业向消费者提供优良的服务已经成为消费者对服装需求的一个重要组成部分。

牛仔服装装饰设计同样应该向消费者提供优良服务。例如，提供对装饰设计材料的性能指标、保养措施、洗涤方法、装饰材料更换服务等，为消费者着想，真正实施全方位和终身服务的措施和行动。

三 装饰设计与服装整体设计的协调统一

牛仔服装装饰设计的装饰对象是牛仔服装，因此，在牛仔服装材料、结构、色彩的设计要素中，装饰设计必须与服装设计要素协调一致，才能更好地诠释牛仔服饰文化的内在含义。

例如，当牛仔裤传入时尚王国意大利后，意大利人对牛仔文化注入了浪漫的文化色彩，意大利牛仔品牌重播（Replay）设计师布泽尔·克劳迪奥（Buziol Claudio）对原五袋女牛仔裤在造型和装饰设计上进行了创新的设计处理，为突出女性修长的双腿设计了喇叭牛仔裤；为强调女性身材的曲线设计了低腰牛仔裤和超短牛仔裙等牛仔产品。与此同时，为和牛仔裤的整体设计协调统一，在装饰设计上也做出了明显的调整，口袋边用橙色的机缝线迹代替了金属铆钉，而把金属铆钉作为一种装饰品点缀在服装的其他部位。布泽尔·克劳迪奥把铆钉设计成中空的圆形，使其弥漫着金属感，在水洗、石洗等做旧装饰技术方面更加精益求精，领口、袖口、下摆、裤腿等处均采用了独特的处理技巧。

这些装饰设计元素与牛仔服装整体设计和谐统一，使女士牛仔裤变得更加奔放、性感和俏丽。

四 装饰工艺与服装材料匹配

现代牛仔服装装饰设计的加工工艺除传统的缉线、水洗、打磨、铆钉、拷纽、贴袋、流苏、破洞、毛须、毛边、珠绣、色彩拼接等外，织花、印花、彩画、电脑激光彩绘等新的装饰工艺得到广泛的应用，从而营造出现代、怀旧、高档、休闲、运动、青春、成熟等牛仔服装风格。

特别是现代纺织科学的发展，使牛仔服装面料的色彩和装饰性得到进一步发挥。传统牛仔布一般采用的是有斜纹组织，且质地较厚，现已发展到有斜纹、缎纹、平纹、提花、格子花纹、彩格花纹组织和联合织的牛仔布，质地也出现薄型、轻型牛仔布。这些质地多样、肌理丰富、层次感强的牛仔面料，也为牛仔服装款式结构设计和装饰设计的丰富多样化创造了有利条件。

近年来，由于牛仔服装面料纺织和染整技术的发展，使牛仔服装的色彩变化更加五彩缤纷，色调由深蓝到浅蓝、由黑色到浅灰色，以及白、绿、红、橄榄绿等颜色的牛仔产品都有出现，极大地丰富了牛仔服装的色彩体系，高明度的色彩，使牛仔服装的个性更加鲜明（图3-4、图3-5）。

牛仔服装装饰的装饰材料和装饰工艺必须与牛仔服装面料的质地、花色与用途相匹配，才能发挥装饰的效果。例如，在牛仔高级时装设计中，特别注意对面料质地、肌理和装饰图案纹样及装饰工艺的选择，一般选择质地优良、柔软、悬垂感强、色彩沉稳的高档牛仔面料。这些时装的装饰图案纹样应精巧、别致、新颖，加工工艺精细，使装饰设计与服装的整体设计和谐统一地表达出高级牛仔时装的优雅和庄重。

假若设计的是一款休闲牛仔装，常选用水洗牛仔布、薄型牛仔布、丝质牛仔布等具有舒适、轻薄、随意特点的面料，装饰材料简朴大方，装饰图案纹样应具有简洁明快、轻松活泼的特色。

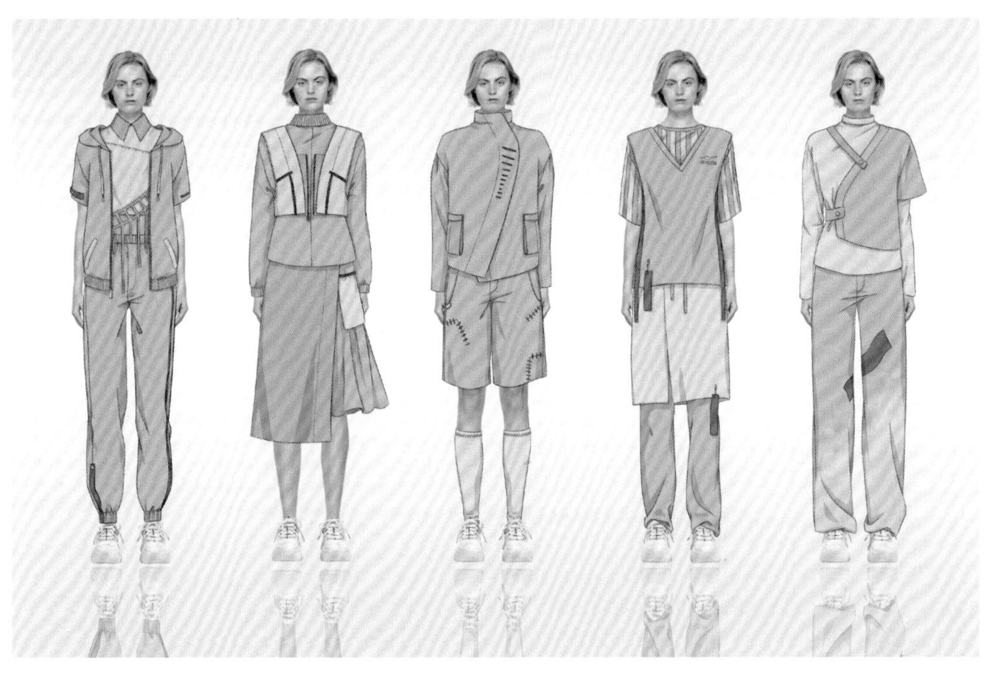

图3-4　低明度的牛仔服装（设计师：周寒冰）

图3-5　高明度的牛仔服装（设计师：崔楠）

第二节　牛仔服装装饰设计的设计程序

牛仔服装装饰设计程序一般经过市场调研策划、创意素材收集、服饰图案纹样运用、创意设计、方案实施、市场检验与投产等步骤。

一 市场调研策划

市场调研策划是牛仔服装装饰设计师了解时装潮流、市场营销动态、消费者需求等资料和信息最重要的渠道，为牛仔服装装饰设计的市场预测和方案决策提供信息依据，通过信息把市场、客户、消费者、竞争对手联系起来，对市场预测、优化创意有重要作用。市场调研策划应注重以下几方面问题。

（一）明确调研目标

设计完备的调研计划、明确调研目的、确定调研目标，只有明确要解决的问题及问题的重点所在，才能有高质量的调研结果。

根据市场需求或目标客户要求确定调研策划方案。牛仔服装的装饰设计源于市场对牛仔服装产品的需求，将市场需求和消费需求转化为服装装饰设计需求，才能科学地规划出牛仔服装产品的装饰设计方案。

（二）选择途径

根据调研计划确定收集资料的内容和范围，资料可分为直接资料和间接资料两类。直接资料又称第一手资料，是调查者通过市场调研、产品的考察分析、消费者的观察询问、技术经济分析等手段和方法，直接获取的资料。

间接资料又称第二手资料，包括内部资料和外部资料。内部资料有企业生产牛仔服装的技术、市场、财务及装饰设计的相关资料、文献、设计方案等资料；外部资料可从专业研究机构、政府机关、金融机构、咨询机构、网络信息平台等搜集。

（三）调研的方式和方法

根据资料的性质，进一步决定采用何种调研方式。如有间接资料可以利用，则尽量利用，这样可以省时省力，如果必须收集直接资料，那么首先应该决定调查方法、调查对象、调查地点、调查时间和调查频率。

服装市场调研一般是抽样调查，在装饰设计过程中不仅要考虑国内市场，也要涉及国外市场。因此，首先应仔细地确定抽样的范围，如明确是部分样本还是全部样本？其次，确定用哪种方式选择样本，是随机抽样方式还是非随机抽样方式？最后根据调查的目的与所需时间、费用等因素，决定样本大小，涉及出口产品时应对出口国家或地区的相关政策法规和产品质量标准资料进行收集整理。设计师需要准确掌握现场收集的方法和程序，及时有效地辨别资料的实用性。

（四）资料分析整理

对收集来的资料应该加以分析和鉴别，通过整理，使资料系统化、简单化和图形化，达到准确、完整和实用的目的。

服装设计师对牛仔服装流行趋势的把控和对市场的认知度，决定了装饰产品的市场价值和流行程度。

服装设计师对流行趋势进行调研是进入市场的第一步，通过对目标市场的调研和未来产品市场发展分析，确定服装装饰产品的市场位置和消费者接受的条件，并以此作为牛仔服装装饰创意素材收集的方向和依据。

二 创意素材收集

项目产品的目标市场确定后，进入装饰素材的收集整理阶段。常用的收集牛仔服装装饰设计素材有以下三种方法。

（一）目标定位法

根据牛仔服装消费市场与消费者的目标产品定位确定创意素材收集方向，以构思的牛仔服装装饰设计的主题为目标，有目的地寻找装饰图案纹样的类型、图案加工方法及装饰部位的选择等资料及设计素材作为牛仔服装装饰创意设计的素材，对所收集的资料素材进行整理分析后，筛选出最佳创意设计素材（图3-6）。

图3-6

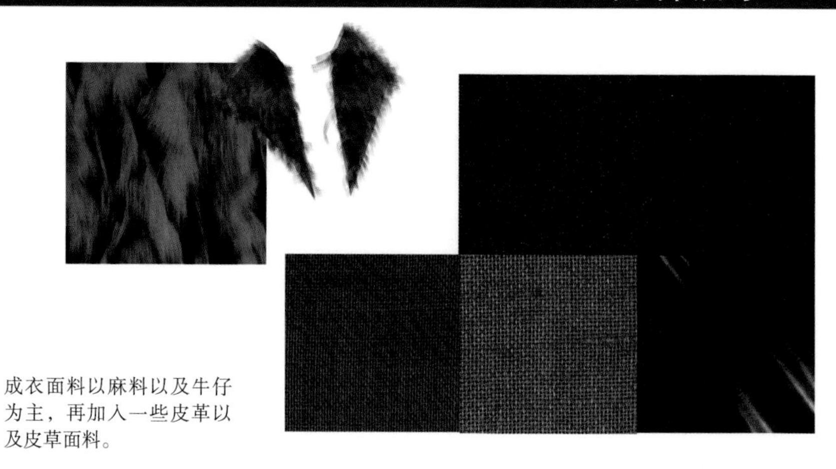

图3-6 寻找收集资料进行设计（设计师：郦向向）

（二）启迪联想法

从传统服饰图案纹样或其他艺术形式中受到启发，通过吸收、融合、联想和创新等艺术手段形成新的创意构思，运用到牛仔服装装饰设计中。

各种艺术之间都具有其时代、渗透、相互影响的特性，牛仔服装装饰设计也是一种与其他艺术形式相互交流的艺术形式。其中，除从大自然及人类社会人文历史和文化艺术中获得创作灵感外，不同时代、不同民族服饰图案纹样或其他艺术形式的创作素材都将对牛仔服装装饰创意的艺术风格和艺术表达形式产生重要影响（图3-7、图3-8）。

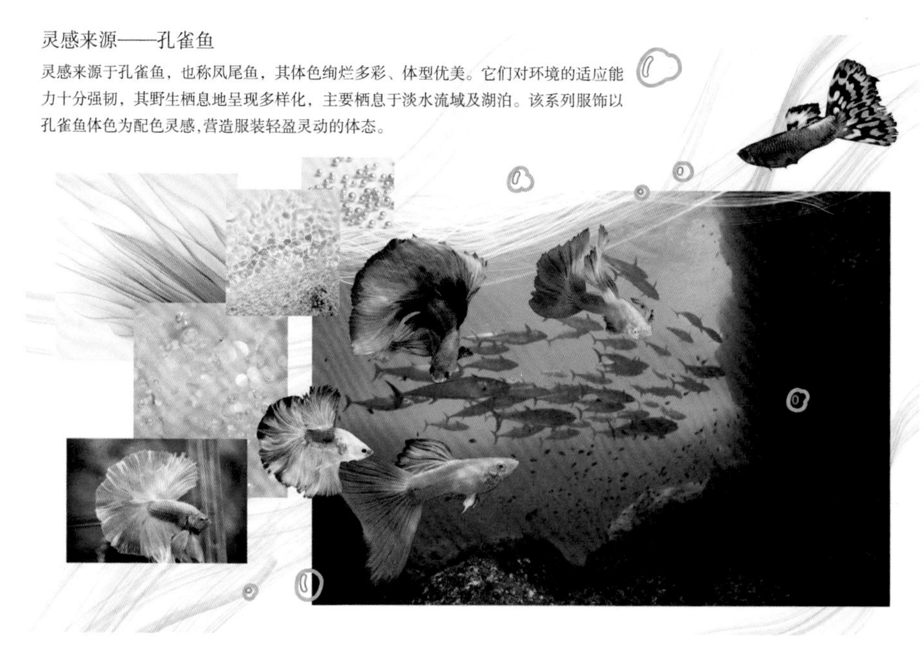

图3-7 从自然中找寻灵感（设计师：周寒冰）

图3–8　从植物中找寻灵感（设计师：周寒冰）

（三）素材组合法

在牛仔服装装饰设计中，可以把单独的艺术形式作为创作素材，也可以把几种艺术形式组合在一起作为创意设计的基础。

牛仔服装装饰图案与其他装饰图案一样，具有空间感和立体感，如果图案体现的是平面的，多用图案纹样来设计，可采用印染、刺绣、喷绘、彩绘、扎染等装饰手法来实现。

在牛仔服装装饰设计中最为重要的环节是对面料的选择，因为任何服饰图案都是以面料为基础的，牛仔面料的选择不仅是服装设计的要素，也是装饰设计的重要组成部分。

要想使牛仔服装装饰设计具有三维空间感，需要立体服饰图案（如镶嵌、珠绣、拼贴、纽扣、绳结等装饰图案）纹样来实现（图3–9）。

图3–9　素材综合整理（设计师：周寒冰）

三 服饰图案纹样运用

服饰图案纹样自远古发展到现代，优秀的图案纹样已经成为世界服饰文化宝库中的重要内容。对传统和现代服饰图案的开发利用已经成为牛仔服装装饰设计中最重要的装饰手段之一，其应用类别与范围丰富多彩，在装饰设计中呈现百花齐放的景象。

随着社会经济的发展、牛仔服饰的流行和普及，服装的多样化与个性化需求逐渐成为牛仔服装消费市场的主流。除对传统服饰图案继承创新与发展外，文字、线条、色块、涂鸦、装饰画与各种夸张变形的图案纹样等现代装饰图案在牛仔服装装饰设计中都得到了广泛的运用。

在装饰图案纹样体裁的选择上，牛仔服装装饰设计经常选用以下两种类型的图案和纹样。

（一）传统服饰图案纹样

传统服饰图案纹样，包括吉祥寓意图案、几何图案、动物图案、植物图案、风景图案、人物图案等，在装饰设计中用来表达对自然崇敬和对美好生活的向往。

我国有几千年的服饰文明史，传统服饰图案承载着中华56个民族的传统文化与民族精神。只有在继承传统服饰图案纹样的基础上，充分了解这些文化瑰宝的深厚文化内涵和卓越的艺术感染力与创造力，才能在牛仔服装装饰设计艺术中更好地创新发展与运用。

在我国牛仔服装装饰设计中，吉祥寓意服饰图案纹样是设计中常用的装饰艺术形式。这类图案纹样具有独特代表性的民族民俗特征，往往采用能充分表达民族文化寓意的图腾、文字、景物或人物图案纹样作为服饰的装饰内容，可以更直接地表达出人们对美好生活的向往或对一种生活理念的追求。

吉祥图案在牛仔服装装饰艺术中具有独特的民族语言和装饰风格，承袭了民族传统文化的精神气质与深刻的思想内涵，同时还保留了大量具有代表性的民间艺术精华与民俗风情。将传统服饰图案的继承创新运用到牛仔服装装饰设计中，是建设富有中华文化精神的牛仔服饰品牌的重要工作。图3-10展示了我国部分传统服饰图案。

图3-11是我国部分企业采用传统图案装饰的牛仔服装产品，从对装饰图案的选择和运用来看，无论从创意的构思、表现的形式还是内容来说均普遍存在简单化及单一化现象。由于对中华传统服饰研究不够深入，装饰图案很难准确地表达出中华文化的传统理念，加之对面料的选择、服装的结构与装饰的设计没有形成一个协调的整体，因此，这种装饰设计不利于提高服饰的档次，产品很难进入中高档牛仔时装行列。

（二）现代服饰图案

20世纪初期，现代主义艺术与现代设计相互影响，在服装设计领域尤为明显，尤其是构成主义、抽象主义与现代服装设计的结合，使传统服装装饰设计的观念和手段得以

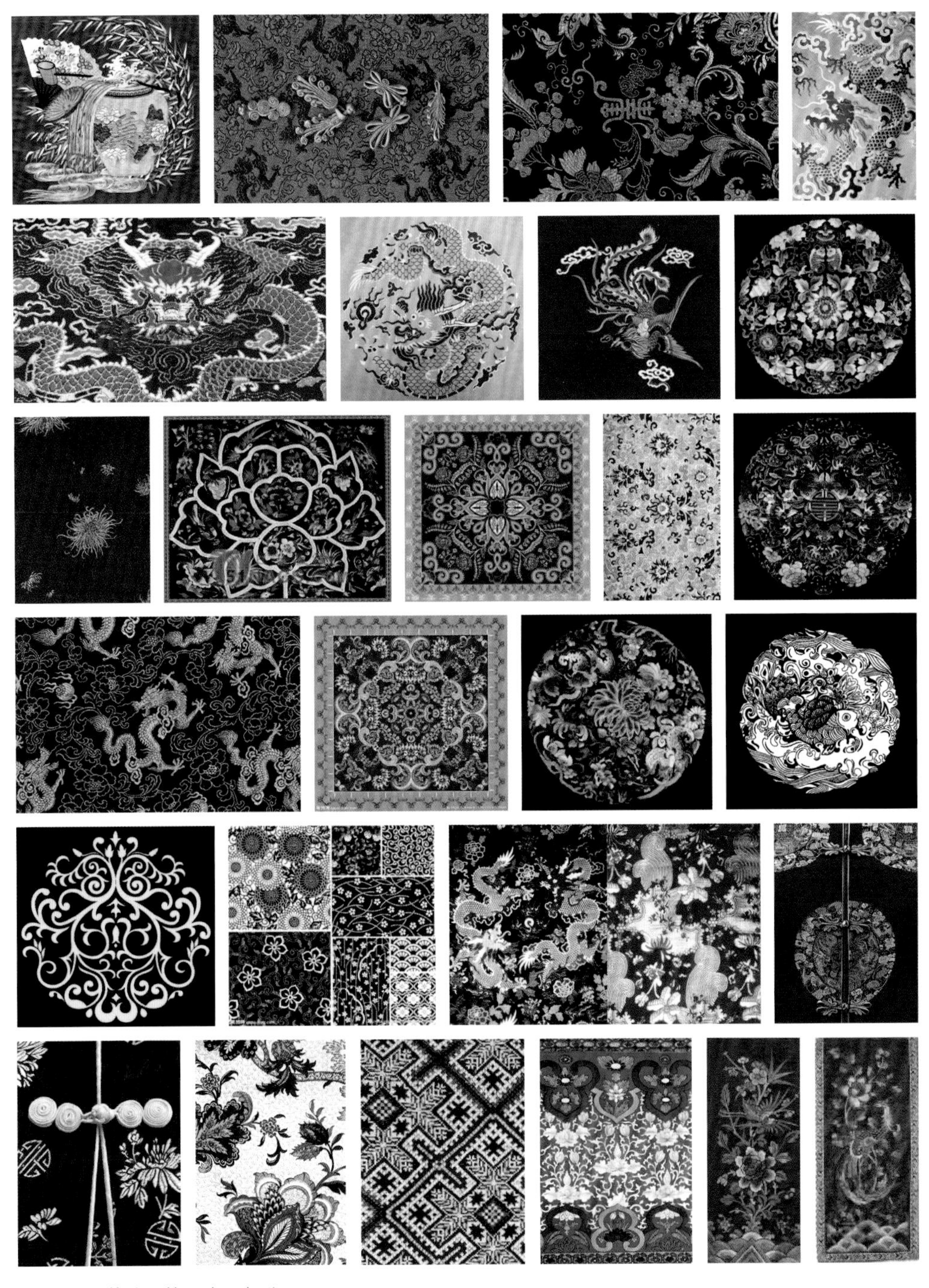

图3-10　传统服饰图案（部分）

扩展和深化。这种装饰风格首先在欧洲的牛仔服装产品中得到运用，并且迅速发展成为牛仔服装装饰艺术中的常用装饰手段。

如今，现代装饰图案在牛仔服装装饰设计上的应用成为一股强劲的流行之风，无论是几何图案、随意图案或变幻图案在整体上都会给人一种强烈的视觉冲击力和独特的心

图3-11　传统图案装饰牛仔服饰

理感受。随着现代装饰图案在牛仔服装装饰设计中的应用，也产生了一些如数字印花、提花织花、机械变形、化学熔融等牛仔服饰新工艺。

图3-12采用现代装饰图案设计的牛仔服装，在装饰设计创意上对每款服装进行仔细构思，装饰图案的选择大胆、前卫而富有创意，使服装的款式、结构、色彩、图案纹样、面料、装饰手段保持一致。装饰设计不仅增强了服装的审美性，而且使服装的文化品位得到提升。立体牛仔花拼接而成的牛仔裤，运用牛仔面料本身的不均匀色差进行装饰，装饰图案与拼接的面料色彩形成统一的整体，具有丰富的视觉效果；镂空的牛仔具有剪纸的味道，将镂空图案与金属流苏及珠绣结合，打造出优雅的淑女风范；在套装设计中，牛仔的色差与流动的线条变形组合，在造型、色彩与面料肌理装饰上形成一个有机整体，拼接构建出独特的青春时尚；夸张的牛仔牡丹花通过色彩、形状结合装饰位置的精巧设计而使整款服装造型优美，充满令人惊艳的现代装饰元素。

图3-12　牛仔服装装饰图案设计

四 创意设计

把服饰图案纹样运用在牛仔服装设计上，其重要作用是提高服装的整体美学价值，使穿着者在使用过程中获得审美的享受和精神的愉悦。牛仔服装装饰图案纹样的装饰对象是牛仔服，因此，它具有装饰目标明确、专一的特点。

因为牛仔服装特殊的风格特点和消费群体的审美需求的差异性，牛仔服装的装饰与其他服装装饰技法和手段既有相似性，又有独特性。

在收集素材时，创意设计活动思维的导向性选择对设计过程衍生出来的牛仔服饰文化的现代时尚内容具有指导意义。

从设计方法的思路和角度分析，牛仔服装装饰创意方法可以分为正向思维和逆向思维的艺术构思。

正向思维创意设计联想的是从联想的设计主题出发，利用消费者对牛仔服装惯性的认知感和审美需求，通过创意设计表达牛仔服装装饰产品的特性，满足消费者需求，这是常用的一种创意设计方法（图3-13）。

图3-13　正向思维创意设计（设计师：刘梦羽）

反向思维的创意设计，是利用人们的逆反心理和潜意识的渴求，正话反说、以虚指实，追求的是个性的感受，寻找的是一种独特的心理，满足朴实的社会需求。牛仔服装装饰创意设计思维的反方向，可以给人以重要的启示，这种设计理念与牛仔服装装饰文化有高度的契合性，奔放、洒脱、自由、随性等服饰风格是牛仔服装装饰文化的本质特征，在装饰设计中的逆向创意设计思维导向在牛仔服装装饰设计中是一种广泛采用的设计方法（图3–14）。

图3–14　反向思维的创意设计（设计师：李悦）

创意设计思维是设计的导向，设计方法是实施的手段，牛仔服装装饰设计方法可以归纳为优选法、主题定位法、离散法、逆向构思法、夸张构思法等方法。

（一）优选法

优选法是在对大量创意素材的比较、分析、研究的基础上，通过对牛仔服装目标消费市场和消费者的综合调研，对创意素材的综合、移置、筛选等精益求精的选择，得出最佳的设计思考结果，最终确定创意设计方案。

优选法要求服装设计师对服装设计具有比较完整的知识结构和综合能力，以及对目标市场和消费对象的消费需求和审美情趣有比较深入的了解，可以在比较短的时间内做出最优化的选择。

（二）主题定位法

主题定位法创意设计是在对牛仔服装的目标市场和装饰风格主题定位后，运用装饰图案纹样对牛仔服装装饰进行设计的方法。

主题定位法以确定的目标市场与服饰风格为切入点，在服装设计总体布局基础上，充分考虑图案纹样等装饰语言在牛仔服装装饰设计中的应用。同一主题装饰创意设计，不同的设计师可能有不同的创意构思，重要的是要有敏锐的洞察力和创新意识，重视与服装设计的整体统一协调性和设计细节的处理，采用的装饰图案纹样素材要一目了然并能引起消费者的好感，激发消费者的消费欲望。

（三）离散法

离散法是牛仔服装装饰设计中的创意设计方法，设计师在对服装设计的整体把控下，对所设计服装的结构、色彩、材质等设计对象进行分解设计，化整为零、择其精华，选其最关键的环节进行装饰设计，经比较分析后可重新组合，从而找出新的创意设计思路。

（四）逆向构思法

在牛仔服装装饰创意设计中，经常将一些不符合自然时空规律的图案纹样运用到服装装饰设计中，其表现可以在某一服饰的部位或在几个装饰部位，将不同时空或空间的装饰图案纹样组合在一起。

这种人为的组合使牛仔服装装饰灵活多变，装饰效果更加丰富，表达出一种时空延续、超越自然逻辑的创造。这种创意组合设计与服装设计的整体风格应保持一致，各装饰部位应相互联系、相互补充，使创意设计达到内容丰富、统一、完整的装饰效果。

（五）夸张构思法

夸张构思法牛仔服装装饰创意设计，是抓住装饰图案纹样最主要的审美特征，突出强调形与神的美感，通过去繁求简、概括、变形、夸张等造型手段，使原装饰素材形象更生动鲜明，更富有艺术表现力和视觉冲击力。

另外，还有简化法、扩张法等，在具体牛仔服装装饰创意设计实践中，可以举一反三，灵活运用。任何创意设计方法都是一种综合方法的应用，只有通过综合，才能扬长避短，达到推陈出新的设计目的。

由于现代科学技术的发展，使牛仔服装面料更加丰富多彩，新型装饰材料、新的装饰手段在服装装饰设计中得到广泛运用。网络化、信息化的交流，加速了牛仔服装流行的步伐，单纯的款式、结构、材质的变化已不能满足消费者的需求，牛仔服装装饰设计以其生动灵活的应变性和极强的艺术感染力与强烈的视觉冲击力，使其在牛仔服装产业中的地位越来越重要。

把装饰图案或其他艺术形式应用在牛仔服装装饰设计上并不是简单的移置再现，应是通过吸收消化进行再创造，并且植入现代流行元素新的装饰设计。例如，图3-15以18~25岁的都市时尚女性为主要目标群体进行设计，主要风格为复古浪漫，符合年轻女性的审美观。提取棕色调为主色调，搭配低饱和度的灰色及米白色，在体现高级感的同时与穿着者的肤色更相衬。选用丹宁布料为主面料，使服装更挺括有型，辅以植物染亚麻布料，刚柔结合。

牛仔服装装饰艺术具有很强的包容性，可以容纳多种服饰装饰材料与服饰的艺术组合，形成一种新的装饰效果。例如，图3-16中，该组女式牛仔服装装饰设计，背心采用

图3-15 复古浪漫牛仔服装设计（设计师：昊乐阳）

图3-16 多种装饰元素混合设计

黑色轻质薄款牛仔面料，用同色系蕾丝拼接，裤装装饰融合了水洗、绣花、珠绣、铆钉、色彩拼接等多种装饰元素和装饰技巧，使牛仔服装不仅保持了传统牛仔自由洒脱的精神，而且融入了现代流行元素，使服装更具青春的活力和朝气。

五 方案实施

牛仔服装装饰创意设计的最终目的是要和服装加工工艺实现完美的结合，这是一个涉及面广而且需与多种工艺专业相结合的综合性装饰艺术形式。

首先，由于牛仔服装装饰的目标市场和实用消费者不同，因此所采用的图案纹样的种类、表达的形式及处理手段是千变万化的，充分表现了牛仔服装装饰工艺的多样性和所受条件制约的局限性特点。

不同的装饰工艺不仅受到服装面料、结构、色彩等条件的制约和限制，也受到装饰材料的制约，因此服装设计师不仅要充分利用有利条件，而且要科学合理地利用这种制约条件，才能使牛仔服装装饰设计的效果产生不同的特征和风格。

牛仔服装装饰的图案纹样是附属于牛仔服装整体造型的，涉及装饰材料、装饰位置、加工方法等因素，需要在牛仔服装加工工艺设计中进行统筹安排，使服饰图案纹样的安排与服装的整体加工融为一体。

牛仔服装装饰工艺可以分为图案纹样装饰、编织装饰、印染装饰和综合性装饰四种工艺类型。

图案纹样装饰包括缉线、铆钉、拷纽、刺绣、珠绣、彩绘、电脑激光彩绘、色彩拼接、贴袋等装饰工艺；编织装饰包括织花、流苏、破洞、毛须、毛边、蕾丝等装饰工艺；印染装饰包括水洗、印花、面料肌理等装饰工艺。由于装饰技艺的多样性和复杂性，在装饰工艺实施过程中，往往是一种或多种装饰工艺并用，以求获得最佳的装饰效果。

装饰工艺包括手工、机械、自动化等方式，牛仔服装装饰加工工艺，原来多用手工，其具有历史悠久、技艺精湛、装饰华美、风格独特的特点。目前许多高端或时装类牛仔服装产品，多采用手工装饰技艺。

牛仔服装装饰工艺除镶、嵌、滚、荡、盘、绣等专用工具外，各种机械和电子装饰加工设备也得到了广泛应用，如功能性缝纫机、绣花机、高频轧花机、绗花机、电脑绣花机等。特别是电脑绣花机的应用，采用九色彩绣，24个机头同步工作，并配有二针到二十五针机的十多种装饰机，可在织物上创造出复杂的装饰图案纹样，极大地提高了绣花工艺的速度和艺术表现力。

近年来，面料肌理的图案纹样在牛仔服装装饰设计中所占的地位越来越高，面料肌理成为各种装饰图案纹样或装饰手段的基础（图3-17）。

牛仔裤是牛仔服装装饰设计中最活跃的服饰产品，很多流行的款式都是通过面料肌理、色彩、水洗、毛须、破洞等工艺变化来营造牛仔裤的新潮装饰效果。

此外，其他装饰工艺，如彩绘、蜡染、水磨等也被广泛应用到牛仔服装面料上，这种综合性的装饰工艺的运用，增强了牛仔服装的设计感和艺术感，将服装造型与质感的变化巧妙地融合在一起，所形成的极具视觉冲击力的装饰效果深受消费者的喜爱。

随着电子信息化技术的发展，数码图案、数码印刷等电子技术在牛仔服装装饰设计的普及，令牛仔服装装饰设计充满了无限生机。

图3-17 牛仔面料的图案处理（设计师：冯路）

六 市场检验与投产

牛仔服装装饰设计的创意构思源于市场和消费者的需求，因此牛仔服装装饰创意设计的产成品必须接受市场和消费者的检验。

一般经过装饰设计的牛仔服装产成品，须经过样品试制、小批量试产试销，经市场检验后方可进入批量生产阶段。

样品试制阶段，服装设计师将形成构思的牛仔服装装饰设计的整体服装设计绘制成服装效果图与服装设计任务书，样品通过具体材料和缝制的试制写出相应试制报告，具体内容包括服装整体造型与装饰效果是否与创意设计构想及设计任务书相符，以及简单的市场竞争分析、改进建议等内容。

新装饰创意款式的牛仔服装试制完成后，应由服装设计师、工程师与相关技术、质量、财务、市场等对新开发牛仔服装的造型效果、装饰效果、技术性能和经济效果进行全面评价与鉴定。

鉴定内容包括：第一，设计资料的完整性，试制样品是否符合技术规定；第二，装饰质量、加工质量是否符合国家或目标市场相关标准；第三，对服装样品的装饰效果、结构、色彩、面料及工艺性做出评价和结论，填写样品鉴定证书，为小批量试产提出建议。

小批量试产的目的在于考验牛仔服装装饰工艺流程与服装工艺规范及工艺设备的合理性和可靠性，对于工艺性做出审查，通过试产试销，为大批量生产创造条件。

小批量生产经试产试销后，经证明新产品具有良好的技术性能和经济效益，在原辅材料有可靠保证、目标市场销售有竞争力、企业具有批量生产能力的情况下可批量投入生产。

第三节　牛仔服装装饰设计的表现方法

随着牛仔服装的流行与发展，牛仔服装装饰艺术经过多年的发展逐渐形成了内容形式丰富、装饰风格多样的装饰技巧，使牛仔服装的独特性、审美性提高到一个新的境界。

随着现代科技的发展，牛仔服装装饰技术不仅承继了传统装饰技术，而且大量新装饰材料、新装饰方法也得到了广泛应用。

一 面料再造装饰的运用

牛仔面料的外观肌理、物理性能以及可塑性等特性直接影响和制约着牛仔服装的造型特征，不同色彩和质地的面料对牛仔服装的艺术风格、视觉效果会产生重要的影响，是牛仔服装装饰设计的重要影响因素之一，牛仔服装面料再造装饰法具有创新性、丰富性、艺术性和独特性的装饰特点。

创新性。牛仔服装面料再造的装饰效果主要是通过面料的肌理纹样和服装加工过程中的各种染整工艺实现的。面料再造不仅提高了牛仔面料的整体生产技术水平和牛仔服装的设计技术能力，而且为牛仔服装装饰艺术创造了更广阔的发展空间，进一步扩展和丰富了牛仔服饰文化的艺术语言和表现力。

丰富性。服饰面料的选择和运用是牛仔服装的一个重要设计环节，在牛仔服装设计要素中，服装色彩和服装材料两个要素是由所选用的牛仔面料来体现的，此外，款式造型性能、服装装饰的艺术性、成本因素及流行性等也需要由服装的面料特性来保证。所以，从宏观上来讲，面料再造的艺术装饰设计不仅可以满足牛仔服装消费市场多元化、个性化的消费需求，更为牛仔服装产业的结构调整、产品升级换代提供了有效途径。另外，面料装饰设计扩展了牛仔服装的消费群体，无论是工装、生活装、休闲装、运动装、时装，还是其他风格的服装，面料装饰设计的牛仔服装产品都可以满足任何地区、国家、民族、年龄、职业的消费者的需求。

艺术性。牛仔服装面料再造装饰设计也被称为服装的二次艺术创作设计，使服装的质地、肌理纹样、造型、色彩都有丰富的层次变化，极大地丰富了服装的艺术感染力和视觉冲击力。例如，通过对面料的刺绣、印染、彩绘、拼接、镶嵌等装饰手法，可以使牛仔服装呈现出多种艺术风格和文化品位，也可以通过破洞、磨毛、抽纱、叠加、编织、毛边等装饰技巧的运用，使牛仔服装产生个性化的豪放气质。

独特性。牛仔服装的普及和流行都源于牛仔服饰文化的独特性，所以，任何形式的牛仔服装装饰设计都必须保持牛仔服饰文化的精神内涵，与其他品种服装装饰的最大区别在于牛仔服装面料再造装饰设计，能按消费者的个性化需求对整个服饰的风格进行彻底的改造，使服装具有唯一性和独特性的装饰艺术特质。

面料再造装饰是牛仔服装装饰设计的装饰手段，常分为面料肌理装饰法、成品面料再造装饰法和面料再造技术的综合运用三种方法。

（一）面料肌理装饰法

牛仔服装面料的肌理是指织物表面的纹理组织结构，它是牛仔服装形象的重要特征。随着现代纺织科技的发展，采用不同质地纺织材料和纺织技术生产的牛仔面料，将呈现出不同的精美肌理结构，并且具有动态的、创造性的、表现主义的审美特点，在牛仔服装装饰设计中会产生出一种特殊的艺术表现形式。图3–18为部分牛仔面料肌理结构。

牛仔面料的种类有很多，从织物的组织结构来分，有斜纹、破斜纹、凸条、提花和平纹等牛仔面料；按加工方法分类，牛仔面料又可分为双缩、退浆、漂洗、磨毛、印花、植绒、丝光等品种。这些牛仔面料的组织肌理的差异性和多样性，反映在用途、性能、材质、色彩、装饰艺术主题的丰富性方面。例如，传统纯棉粗支纱靛蓝色斜纹牛仔面料，穿着舒适、质地厚实，肌理纹路清晰、强力高、耐磨损，成衣具有自然粗犷的美感和原始牛仔文化的风尚。图3-19为美国设计师卡尔文·克莱恩纯棉牛仔面料服装设计。

图3-20是德国极简主义设计师吉尔·桑德（Jil Sander）采用牛仔面料设计的服装作品。服装舍弃了装饰细节，以简洁的线条、单纯的浅绿色为主要视觉元素，使服装既蕴含传统牛仔文化时尚，又充分体现出极简、活泼、年轻化的设计理念。

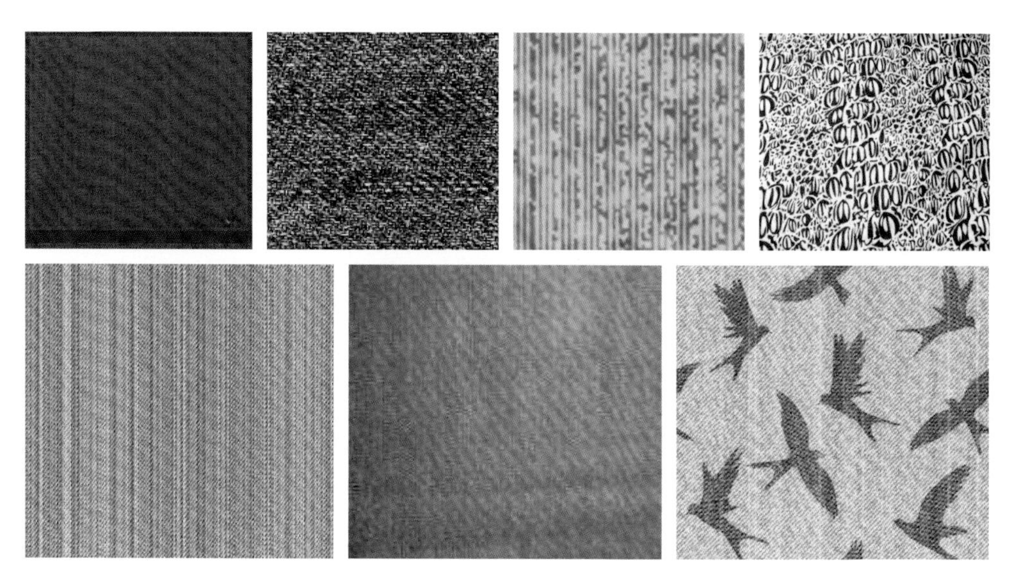

图3-18　部分牛仔面料肌理结构

图3-19　卡尔文·克莱恩纯棉牛仔面料服装设计

除传统牛仔面料以外，还有花色牛仔面料。例如，采用小比例涤纶丝与棉混纺作经纱，染色后面料肌理产生留白效应的雪花牛仔面料；采用棉麻、棉毛等混纺纱织制的高级牛仔面料，其肌理具有麻、毛织品的视觉效果，不仅丰富了面料的形态特征，而且具有一种全新的审美特点。

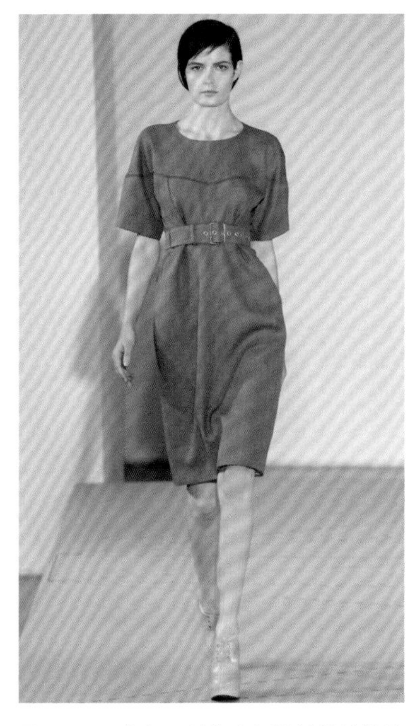

图3-20　吉尔·桑德牛仔面料设计作品

采用不同纺织工艺织制的多种花色牛仔面料，其面料的肌理结构对牛仔服装具有整体的造型塑造作用，同时，因为在面料肌理表现过程中具有丰富、多变、有趣等特点，往往使肌理装饰产生一种接近自然的装饰美。例如，采用高捻纬纱织制的类似树皮皱纹肌理的树皮皱牛仔面料；在牛仔布生产过程中，经纱染色，用硫化或海昌蓝等染料打底再染成靛蓝色的套染牛仔布；在靛蓝的经纱中嵌入彩色经的彩条牛仔布；在靛蓝牛仔布上吊白或印花生产的多种色彩花形牛仔布等。

现代纺织科技发展迅猛，牛仔服装面料的肌理已经成为牛仔服装设计的核心要素之一，它是服装设计师主观创意装饰作品，通过设计师持有的创意构思，在服装设计中形成一种自然和谐的表达。

面料肌理装饰适用于任何种类、风格的牛仔服装设计，其装饰的技巧与服装设计融为一体，根据牛仔服装的目标市场和消费要求，在结构、色彩、材料设计要素中，重点以面料肌理为创意目标，通过面料肌理与结构、色彩的相互协调，使牛仔服装达到实用和审美相统一的设计要求。世界著名的服装设计师，如吉尔·桑德、詹尼·范思哲、乔治·阿玛尼及世界著名牛仔服装品牌李维斯等在牛仔服装设计中，对牛仔面料的肌理选择往往是其创意的首选。例如，在李维斯品牌的休闲风格女式牛仔服装设计中，无论是牛仔裤、牛仔短裤、长袖衬衫、外套还是T恤，通过牛仔面料肌理与色彩的变化都体现出牛仔服装的本质特征。设计师准确地处理了牛仔面料肌理与服饰结构的关系，舍弃了多余的装饰，简约的造型、单纯朴实的色调，使作品的设计技巧和审美得到升华。

图3-21是中国设计师毛宝宝创立的品牌CHICCO MAO春夏以“潮”为主题的牛仔服装设计作品，表达了对自然万物生命的尊重。服装整体设计结构简洁、装饰少、细节少，在领口、袖、肩、腰线等部位有一定设计，将抽象感的图案和不规则的线条相组合，整体上体现了牛仔文化与现代时尚的结合。

图3-21　牛仔服装设计

（二）成品面料再造装饰法

牛仔服装面料的再造是对牛仔服装的二次设计，其目的是通过创意设计和新的工艺手段，改变牛仔服装面料的肌理结构、外观形态和材料品质，使服装的装饰艺术效果得到最大限度的发挥。

牛仔服装面料再造源于20世纪70年代，牛仔服装成为全球性潮流。美国还举办了彩绘牛仔裤比赛，人们用油彩在牛仔裤上绘制各种装饰图案，参赛作品竟有一万多件，为牛仔服装面料装饰开了先河。

为了焕发牛仔服装千姿百态的风貌，法国Francois Girbaud首创了石磨洗牛仔法，即牛仔裤在前处理过程中加入碎石为“石洗”，加入砂子为“砂洗”，也有加上酵素喷硫酸等处理方法，有时为了取得特殊视觉效果，出现了做旧、喷漆、发霉、破洞、刺绣、印花等装饰手段。

进入20世纪80年代，牛仔服装面料再设计与牛仔服装装饰设计的融合进入成熟阶段，由于纺织科学技术的发展，以及大量新材料、新技术的应用，不断涌现各种新品种、新规格、新花色的牛仔服装面料，众多世界著名时装设计师的牛仔服装设计作品，使牛仔服装登上了高级时装的圣殿，并赋予牛仔面料新的文化内涵，将牛仔服装装饰设计推向了现代服饰装饰设计的最前沿。

（三）面料再造技术的综合运用

在牛仔面料再造装饰设计中，无论是通过再织造过程，还是运用各种先进工艺对面料表面进行再处理，使牛仔面料肌理结构产生丰富多彩的变化，或者通过磨、洗、做旧、撕裂、起毛、起光、起皱等装饰手段产生特殊的装饰效果，又或是利用对成衣面料进行喷、绘、绣、印等装饰手段实现对牛仔服装的装饰，其目的都是为牛仔服装设计服务的，与服装设计是一个有机整体，因此，选用何种装饰技法必须以服装设计的总体目标为考量标准。

牛仔服装面料再造装饰技术的运用，往往具有多元的特性，如在面料肌理装饰的基础上，运用洗、绣、破洞、绘图等装饰手段，也可在面料二次设计基础上，通过剪裁或加工工艺实现面料的再造。

对面料再造装饰技术在牛仔服装装饰设计中的运用，世界许多知名品牌和服装设计大师的优秀作品为我们提供了范例。例如，荷兰著名牛仔服装品牌G-STAR是在牛仔服装市场上声名鹊起的一个品牌，该品牌牛仔服装装饰设计在洗水方法和细节设计等方面为品牌新产品开发注入了新意，尊重传统但不受其限制，保持原始粗犷的个性却不失时尚风格，倡导单纯简约，也兼顾实际功能，这便是G-STAR的原始牛仔服装设计风格。

图3-22是一组G-STAR深色系牛仔，在面料再造装饰设计上采用了多种综合处理技术，使面料的肌理平滑细腻、质感光泽亮丽。牛仔裤多为磨破压折洗水处理，上衣多为破骨压线装饰，体现出牛仔的粗犷和帅气。图3-23为G-STAR的面料再造牛仔服装装饰设计，则采用雪花洗水压折猫须的面料再造技术，款式造型以修身破骨压线为主，配以经典铆钉扣，粗犷帅气十足。女装牛仔裤在结构设计方面采用了解构主义设计风格，在面料装饰设计上，主要通过面料压折重叠再造，使服装更有悬垂感和层次感，造型新颖、色彩协调，面料装饰使服装的搭配产生全新的感观效果。

图3-22　G-STAR深色系牛仔

图3-23　G-STAR的面料再造牛仔服装装饰设计

日本著名服装设计师三宅一生（Issey Miyake）设计的牛仔服装作品富有装饰审美新意的实用性，在面料再造装饰设计中推出了“一生褶”装饰风格，在牛仔面料的基础上，进行再构思和再设计，通过对面料的再处理，使其产生区别于原来的特殊效果。另外利用在剪裁和制作工艺等技术手段同样对牛仔服装面料进行二次设计，运用打褶、叠加、悬垂等手法，使原来的面料的肌理结构具有立体雕塑感，彻底改变了面料的感观特性。三宅一生用“跳跃的想象力和技术进步”挖掘东方服饰精细的制作工艺和深厚的文化底蕴，发明了独特的面料装饰技艺。图3-24为三宅一生设计的女式牛仔时装，将其著名的褶皱元素同牛仔进行结合，采用印染的方式将牛仔面料的质感体现在服装上，既保

图3-24　三宅一生设计的牛仔服装作品

证了品牌一贯的特点，又将牛仔的特征展现出来，显示了年轻的朝气和通透的活力，使时装回到了自由、随意、清新的牛仔文化境界。

二 刺绣技术的运用

刺绣是服装装饰设计中的传统装饰技术。牛仔服装的刺绣装饰是在已剪裁好的部件或已完成加工的服装上，用针和线按照设计的图案和色彩要求添加在牛仔服装上的一种装饰艺术。

刺绣是服饰装饰的传统工艺，在东西方均有悠久的历史，1837年以后开始在牛仔服装上运用。1935年薄型牛仔面料的出现，为牛仔服装装饰手法提供了更多可能。人们可以把各种自己喜欢的图案纹样绣在牛仔面料上，使粗犷奔放的牛仔服饰产生别样的温婉效果。特别是在20世纪70年代以后，各种新型牛仔面料、新的装饰技术不断涌现，使刺绣装饰艺术在牛仔服装装饰上大放异彩，古今中外各种刺绣图案纹样均在牛仔服装装饰设计中找到自己的位置。于是，东方的传统服饰图案、吉祥图案以及少数民族丰富多彩的刺绣图案等都在牛仔服装装饰设计中流行起来（表3-1）。

表3-1 牛仔面料的装饰针法（绘制：朱颖）

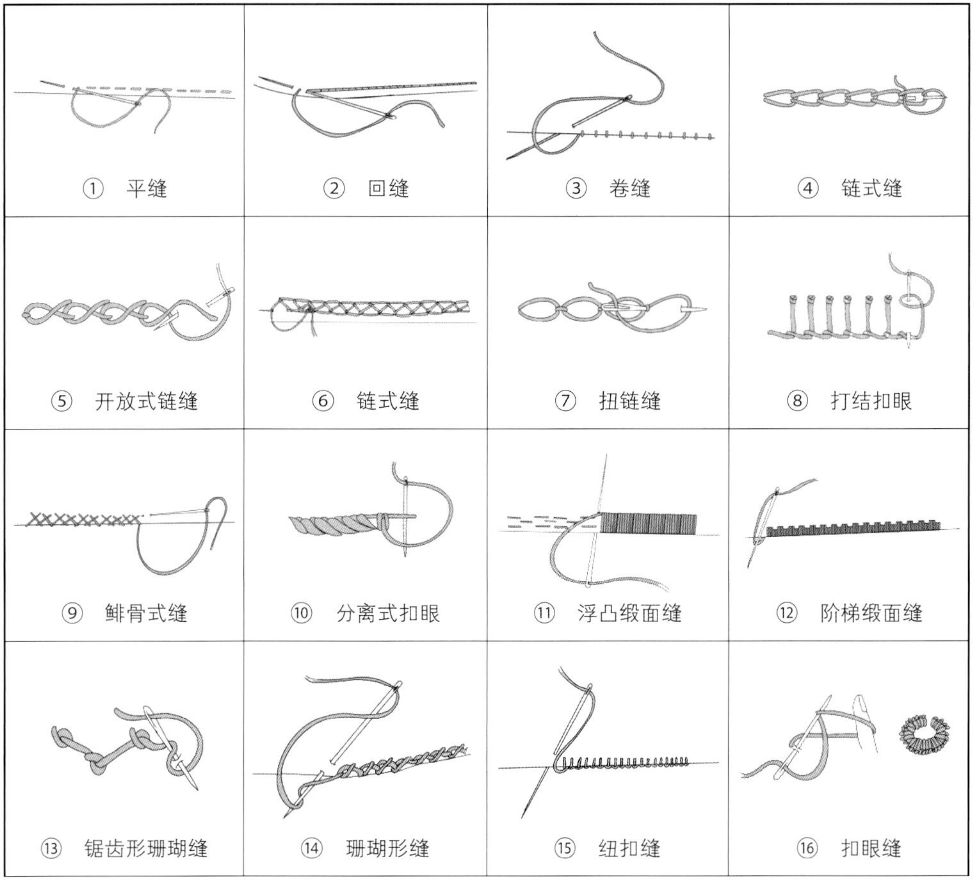

续表

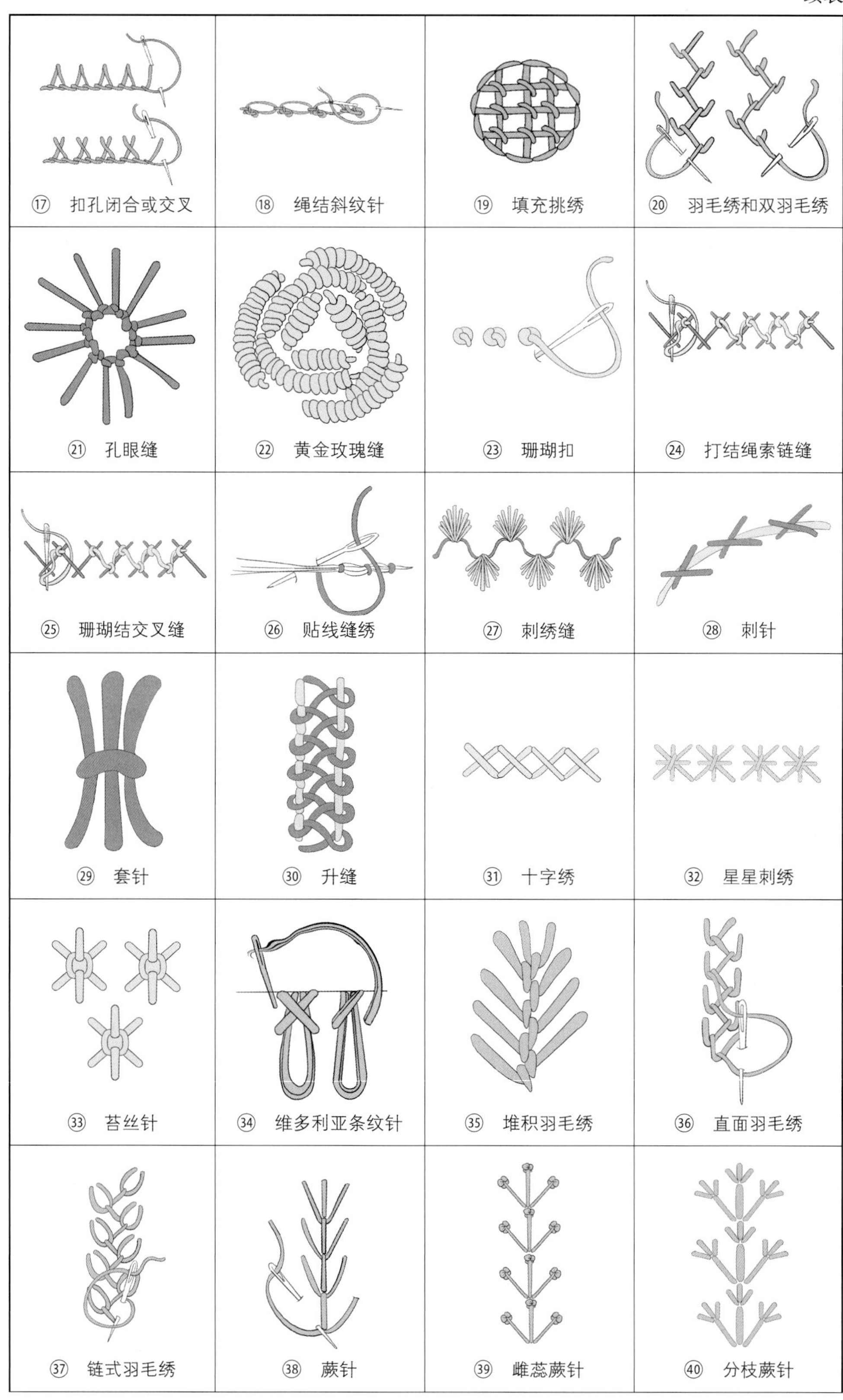
⑰ 扣孔闭合或交叉
⑱ 绳结斜纹针
⑲ 填充挑绣
⑳ 羽毛绣和双羽毛绣
㉑ 孔眼缝
㉒ 黄金玫瑰缝
㉓ 珊瑚扣
㉔ 打结绳索链缝
㉕ 珊瑚结交叉缝
㉖ 贴线缝绣
㉗ 刺绣缝
㉘ 刺针
㉙ 套针
㉚ 升缝
㉛ 十字绣
㉜ 星星刺绣
㉝ 苔丝针
㉞ 维多利亚条纹针
㉟ 堆积羽毛绣
㊱ 直面羽毛绣
㊲ 链式羽毛绣
㊳ 蕨针
㊴ 雌蕊蕨针
㊵ 分枝蕨针

续表

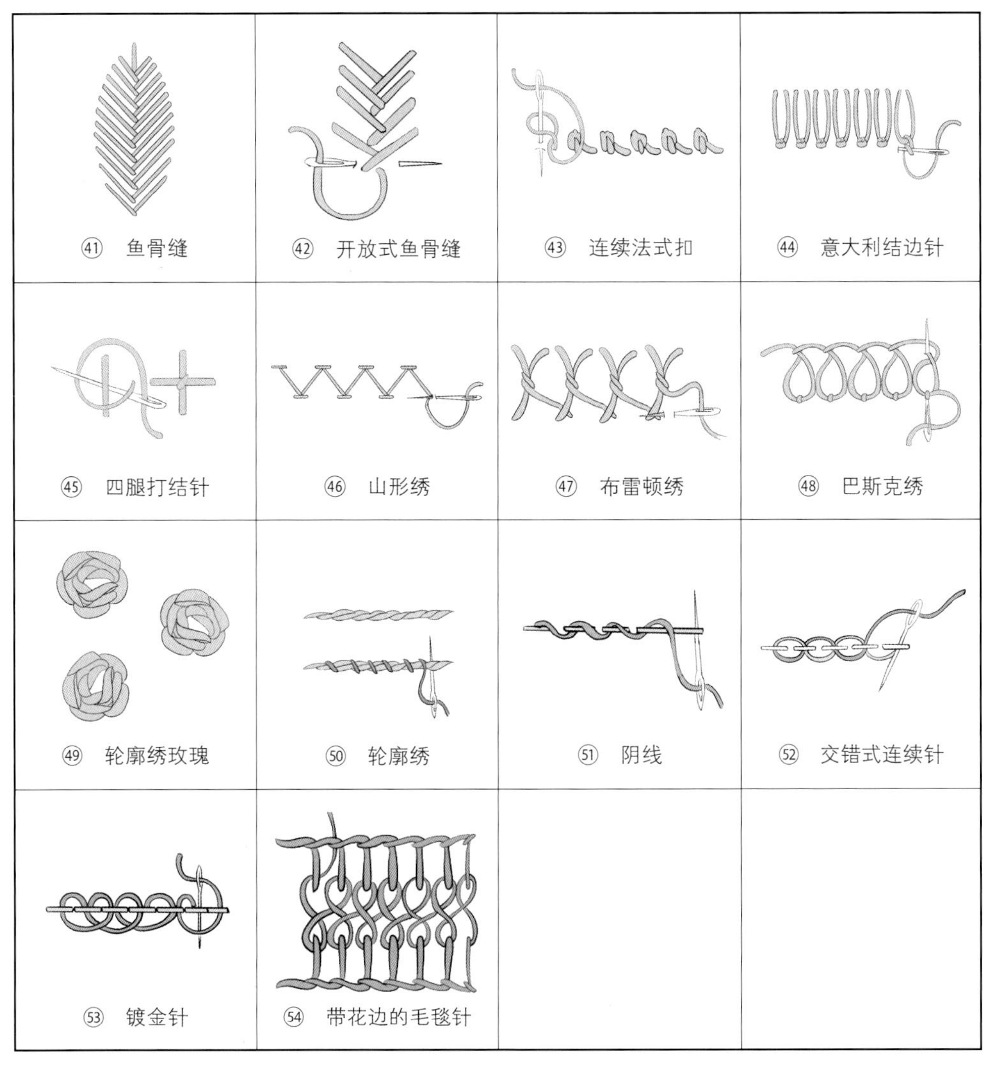

（一）服装刺绣装饰的分类

牛仔服装刺绣装饰按照刺绣工艺可分为三类：手工刺绣、缝纫机绣和电子控制机绣。其中，手工刺绣是一种传统的装饰技艺，由于刺绣针法灵活多样，彩色丝线通过并置、交错、重叠可产生丰富的色彩变化，适宜在任何品种的牛仔服饰中应用。

随着社会的发展，特别是科技带动的牛仔服装材料的发展，加之电脑刺绣技术日渐成熟，刺绣进入了机械化、数字化时代，制作过程加快，使刺绣在牛仔装饰设计中得到了广泛的应用。

但是，电脑刺绣终究代替不了传统的手工刺绣，因为刺绣的精髓是肌理感极强的针法和灵活的应变，配合各种针法表现出作品的空间与肌理效果，它的变化是机器所不能实现的。

刺绣装饰艺术是世界服饰文化的瑰宝，世界各国都有各自独特的刺绣艺术，按照国家、地区、民族可以划分为：英国绣、法国绣、匈牙利绣、印度绣、非洲绣、美洲绣等。

我国刺绣艺术有3000多年悠久的历史。殷周时代，我国就有精美的暗花绸和彩色刺绣。著名的有苏绣、湘绣、蜀绣、粤绣四大名绣，此外，国内其他地区和少数民族也均有特点突出、风格各异的刺绣技艺。

传统刺绣的针法主要有回式针绣、全回式针绣、半回式针绣、纺绣、平绣、掺针绣、插针绣、单针平绣、暗绣、捻线绣、编织绣、星形绣、晕绣、双面绣、十字绣、堆绣等。

刺绣从成品外观上区分大致可以分为两类：点绣型和线绣型，线绣有直线、曲线之分，点绣有线聚点和线结点的区别。

在现代刺绣中，刺绣按照所用材质分为：用线刺绣（金银丝绣、彩线绣、网眼绣、镂空绣等），用特殊材料刺绣（珠片绣、绳饰绣等），在特殊面料上刺绣（网绣、六角网眼绣等），在牛仔面料上用其他织物表现面料纹样（贴布绣等）。

（二）刺绣在牛仔服装装饰设计中的运用

在牛仔服装装饰设计中，常用的刺绣工艺有线刺绣、珠片绣、网绣、雕绣、贴布绣等。

1. 线绣

线绣是刺绣工艺中最传统且最具代表性的工艺，按所设计的图案纹样，用线（包括金银丝、彩线、绒线等）与针在牛仔面料上穿梭形成点、线、面和加入包芯的变化，最终形成具有丰富色彩和立体感的图案纹样。

线绣工艺针法多变，用各色的彩色丝线通过重叠、并置、交错产生丰富的色彩变化，图案层次分明，风格既可细腻又可粗犷，与各种牛仔面料肌理组合有广泛的适应性，能比较准确地表达出设计者的创意理念，在牛仔服装装饰设计中应用比较普遍。

巴西牛仔服装品牌奥迪斯把巴西人热烈奔放的情感融入牛仔服装装饰设计中，无论是女式的牛仔裤、外套、短裙，还是男式的衬衣、外套等服饰，设计师都可以在牛仔服装上巧妙地把色彩艳丽的各种丰富的热带花草图案纹样，用刺绣、贴绣、绒线立体绣、珠绣等多种刺绣技法表达出来，使牛仔服装成为极富张力和感染力的服饰品种。

图3-25为奥迪斯品牌设计的一组牛仔服装。女装为橙色豹纹打底、具有黑色光泽的超短牛仔褶皱裙，橙红色的皮带扣镶嵌银色的珠绣，蕴含着浓郁诗情的紫罗兰与红色格纹牛仔面料的马蹄短袖上衣，前胸用大面积高贵典雅的传统图案纹样刺绣装饰，黑色银线绣小尖领与橙色缎带绣相结合更是凸显了精致，整套牛仔服装不仅充分展示了女性的优雅和魅力，而且极富热带风情。男上装采用黑色绒面牛仔面料，用热情丰富、色彩艳丽的南美洲热带花草图案绣花装饰，在设计和制作处理上采用线绣和珠片绣相结合的绣法，前襟及肩部点状珠绣使服装别有情趣，简洁造型的绣花牛仔上衣和水洗牛仔裤的搭

图3-25　奥迪斯品牌刺绣牛仔服装

配，产生了强烈的视觉冲击力。

2.珠片绣

珠片绣，简称珠绣，是利用各种材料（包括宝石、玻璃、亚克力、金属、塑料等）制成的各种形状和规格的珠子或亮片，用线穿起后钉在牛仔服装上的一种镶嵌技法。

牛仔服装珠片绣装饰设计，首先根据牛仔服装装饰创意主题，选择形状和色彩相匹配的珠片绣装饰材料，依据图案纹样的结构排列组合后缝制或镶嵌在服装上，图3-26为部分珠片绣材料。

图3-26　部分珠片绣材料

珠片绣装饰的技法丰富多样，可以采用不同材质的珠片材料单独装饰服装，也可以与其他装饰手段组合造型来进行。珠片绣的刺绣针法有多种，包括平绣、凸绣、串绣、粒绣、乱针绣、竖珠绣、叠片绣等，若与其他刺绣技法，如彩线绣、金银线绣等相结合，可使服装呈现出层次分明、立体感强、绚丽多彩、精致华贵的装饰效果。

法国著名服装设计师可可・香奈儿（Coco Chanel）是世界时尚界的先锋，她创建的服装品牌香奈儿（CHANEL）在牛仔服装时装化和装饰设计领域也起到了先锋示范作用，特别是所设计的珠绣牛仔服装装饰风格迎合了现代牛仔服装发展的需要。图3-27是香奈儿设计的一组女式牛仔服装，总体风格上体现了香奈儿追求的高雅、简洁、精美的理念，始终走在时代的前沿。该组服装在造型上注重廓型对比，突出女性曲线美感，在装饰设计上以珠片绣为主，图案为写实花卉纹样，造型、线条柔和，珠绣工艺精湛，强调珠片装饰图案纹样与色彩和服装的协调、统一，表现出飘逸、轻盈的装饰特色，形成浪漫随意、简约而富于变化的效果。图3-28是香奈儿设计的另一款女式牛仔服装，上装为采用银色珠光绣牛仔面料设计的翻领夹克衫，袖口、腰、开襟、口袋及领边黑白相间包缠珠绣装饰，造型简洁、流畅，夹克保持了男装的轮廓和细节，通过珠绣的装饰设计使服装具有女性的优雅气质，同时营造出女装的力度感，黑色瘦腿烟管牛仔裤装饰设计别具匠心，口袋线和裤腿部竖向铆钉装饰和腿部、腰部的银色珠绣装饰线条与上衣装饰相呼应，使整套服装创意具有无穷的魅力。图3-29为香奈儿设计的女式休闲牛仔服装，经典柔软的洗白牛仔面料，搭配黑白色相搭的背心，使服装具有男性的硬朗感和力量感，同时兼具女性的柔美、自信。

图3-27　可可・香奈儿珠绣牛仔服装

图3–28 可可·香奈儿珠绣女式牛仔套装

图3–29 可可·香奈儿女式休闲牛仔服装

3.贴布绣

贴布绣，也称补花绣，是一种将其他布料剪贴绣缝在牛仔服饰上的刺绣形式，其绣法是将贴花布按照设计的图案纹样要求剪好，贴在服装面料上，也可在贴花布与面料之间衬垫棉花等物，使装饰图案有立体感；贴好后，再运用各种针法锁边。在牛仔服装装饰设计中，贴布绣常与其他刺绣工艺结合起来运用，使服装具有更加灵动的装饰效果。贴布绣具有装饰性强、绣法简单、成本低、牢固度高、装饰效果好的特点，是在牛仔服装装饰设计中常运用的装饰手段。图3–30是贴布绣装饰牛仔服装作品。

此外，抽纱绣、缎带绣、褶饰绣等也是牛仔服装设计常用的装饰技艺。

图3–30 贴布绣装饰牛仔服装作品

4. 电脑绣花

在现代牛仔服装装饰设计中，电脑刺绣装饰工艺得到了普遍应用。电脑刺绣系统是工程计算机辅助设计（CAD）的一种，它通过计算机辅助设计功能，将装饰设计构思的图案纹样转化为数字化的针迹点信号，用这些信息控制电脑绣花机完成刺绣工作，使传统的手工刺绣得到高速度、高效率的实现，并且还能实现手工刺绣无法达到的“多层次、多功能、统一性、完美性”的要求。

电脑绣花学习和借鉴人工刺绣的某些针法、走线方向、构成形式等技法和创作灵感，使电脑绣花更加规范化、艺术化和程式化，是适应牛仔服装规模化生产的一项新的刺绣技术。

图 3-31 电脑绣花装饰牛仔服装

电脑绣花的种类可分为平绣、立体绣、贴布绣、雕孔绣、绳绣、植绒绣、珠片绣、缎带绣、皱绣、锁链绣等多种绣花种类。电脑刺绣可以在不同类别的牛仔服装中应用，如各种时装、休闲装、运动装、童装等，同时也可应用在服饰配件的装饰设计上，如箱包、鞋子、手袋、围巾、手套、帽子等，不但突出牛仔服装的造型作用和审美效果，而且扩展了牛仔服装的时尚领域。

牛仔服装电脑绣花造型图案的设计，要以服装整体设计为设计主题，在创意构思和设计风格上应与服装整体设计相协调。依据牛仔服装设计风格的需要，电脑刺绣图案的选择可以是传统图案、现代图案、具象或抽象图案，不同的装饰图案和制板设置，服装的装饰风格和效果也将产生很大的差异。

电脑刺绣在牛仔服装装饰设计中要达到烘托主题、增强服饰风格的目的，所以对于绣花工艺的选择十分重要。通常根据牛仔面料的材质特征选择相匹配的电脑绣花工艺手法，不同牛仔面料载体的物理特性不同，要求电脑刺绣的刺绣工艺不同，不同的工艺技法也将产生不同的形态结构变化，因此，对刺绣材料、图案纹样及技法选择要与面料选择相匹配，以达到突出服装设计效果、增强装饰美感的目的。图3-31为电脑绣花装饰牛仔服装。

三 牛仔服装成衣的装饰工艺运用

牛仔服装成衣的装饰工艺在牛仔服装生产中也被称为牛仔服装的后整理工艺，这是一个周期长且复杂的服装学—化学—机械—电子—艺术等科学相结合的处理过程，同时也是牛仔服装装饰设计最为重要的环节。由于牛仔服装成衣装饰能做出其他装饰方法达不到的艺术效果，因而更能适应市场时尚潮流的变化，创造出更具审美价值的牛仔服饰个性化产品。

牛仔服装成衣的装饰一般是对服装进行局部处理，使产品产生奇妙的装饰效果。装饰手段主要包括洗水、喷沙、手擦或机擦、猫须、破洞、手绘、激光绘等。

（一）洗水

世界著名的牛仔服饰品牌都把牛仔服装的“洗水”作为装饰设计的主轴，洗白、洗色、猫须、破洞等都成为各品牌的主流设计产品。例如，李维斯的仿古洗色、Wry Finish的人工刷痕工艺、“鬼洗”（Blue Way）的重洗立体须纹工艺、威格（Wrangler）的深洗工艺、迪赛（Diesel）的做旧染色等洗水工艺的运用，使牛仔服装的色彩变得鲜活而生动，新工艺、新方法形成了崭新的花样牛仔的新风格。

牛仔服装洗水装饰工艺可分为普洗、石洗、酵素洗、砂洗、化学洗、漂洗、雪花洗等多种工艺，根据服装设计的总体要求和消费者个性化的需求特点选择洗水工艺处理方式（图3-32）。

（a）普洗

（b）石洗

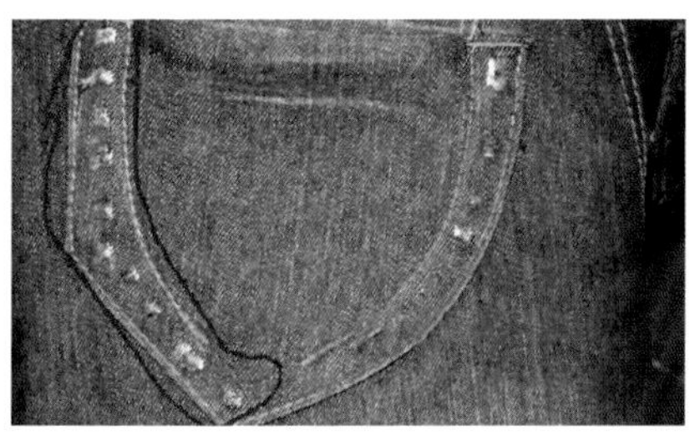
（c）酵素洗

（d）砂洗

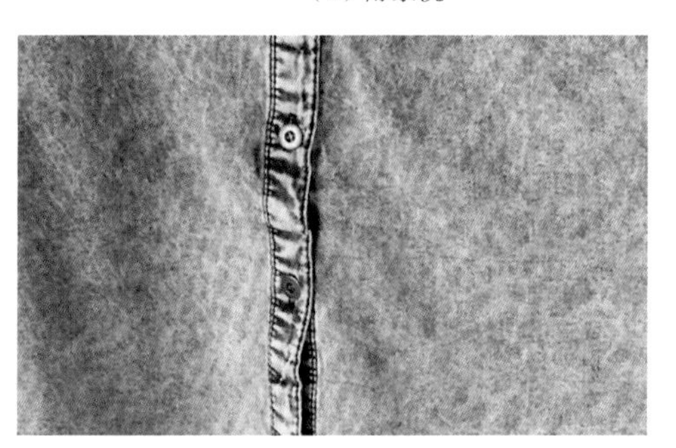
（e）雪花洗

图3-32　洗水效果图

1. 普洗

普洗是一种利用机械化对牛仔服装进行的普通洗涤工作，要求水温在60~90℃，加入一定的洗涤剂，经过15分钟左右的普通洗涤后，过清水加柔软剂即可。普洗又可以分为轻普洗、普洗、重普洗三种洗法。经普洗处理的牛仔服装面料更柔软、舒适，在视觉上更自然、干净。

2. 石洗

石洗即在洗水中加入一定大小的浮石，使浮石与衣服打磨，打磨缸内的水位以衣物完全浸透的低水位为准，使浮石能很好地与衣物接触。在石洗前可进行普洗或漂洗，也可在石洗后进行漂洗。根据客户的不同要求，可以采用黄石、白石、人造石、胶球等进行洗涤，以达到不同的洗水效果。洗后布面呈现灰蒙、陈旧的感觉，衣物有轻微至重度破损。

3. 酵素洗

酵素是一种纤维素酶，它可以在一定的pH值和温度下，对纤维结构产生降解作用，使布面可以较温和地褪色、褪毛（产生“桃皮”效果），并得到持久的柔软效果；可以与石头并用或代替石头，若与石头并用，通常称为酵素石洗，就是用喷枪把高锰酸钾溶液按设计要求喷到服装上，发生化学反应使布料褪色。通过溶液浓度和喷射量可控制褪色的程度。

4. 砂洗

砂洗多用一些碱性、氧化性助剂，使衣物洗后有一定的褪色效果及陈旧感，若配以石洗，洗后布料表面会产生一层柔和霜白的绒毛，再加入一些柔软剂，可使洗后织物松软、柔和，从而提高穿着的舒适性。

5. 化学洗

化学洗主要是通过使用强碱助剂来达到褪色的目的，洗后衣物有较为明显的陈旧感，再加入柔软剂，衣物会有柔软、丰满的效果。如果在化学洗中加入石头，则称为化石洗，可以增强褪色及磨损效果，从而使衣物有较强的残旧感。化石洗集化学洗及石洗效果于一身，洗后可以达到一种仿旧和起毛的效果。

6. 漂洗

为使衣物有洁白或鲜艳的外观和柔软的手感，需对衣物进行漂洗，即在普通洗涤过清水后，加温到60℃，根据漂白颜色的深浅，加入适量的漂白剂，漂白完全停止后过清水，在50℃水中加入洗涤剂、荧光增白剂、双氧水等进行最后的洗涤，以中和pH值、荧光增白等，最后进行柔软处理即可。

漂洗可分为氧漂和氯漂。氧漂是利用双氧水在一定pH值及温度下的氧化作用来破坏染料结构，从而达到褪色、增白的目的，一般漂布面会略微泛红。氯漂是利用次氯酸钠的氧化作用来破坏染料结构，从而达到褪色的目的。氯漂的褪色效果粗犷，多用于靛蓝牛仔布的漂洗。

7. 雪花洗

把干燥的浮石用高锰酸钾溶液浸透，然后在专用转缸内直接与衣物进行打磨，浮石打磨在衣物上，使高锰酸钾把摩擦点氧化掉，布面呈不规则褪色，形成类似雪花的白点。

雪花洗的一般工艺过程如下：浮石浸泡高锰酸钾—浮石与衣物打磨—雪花效果对板—取出衣物在洗水缸内用清水洗掉衣物上的石尘—草酸中和—水洗—上柔软剂。

（二）猫须

猫须装饰是在牛仔服装的关节扭曲部位产生的一种自然磨旧、类似猫须的纹路，模仿穿着后的褶皱效果。

猫须装饰经常用在牛仔服装的裤裆、裤脚、股腋、臂腕、膝腕等处。目前流行的猫须装饰有手擦猫须、立体猫须和手折猫须。

1. 手擦猫须

按照花纹设计要求，绘制图案制成凹凸胶版图案，放在需要手擦的服装位置，用砂纸在服装上进行打磨，服装面料在凹进部位基本保留牛仔服装原色，而凸出部分服装面料的表层染色被磨除，产生褪色效果。

2. 立体猫须

立体猫须也叫压皱装饰，一般在服装的关节扭曲部位，洗水后用高温机压出所需花纹，喷胶定型烘干。

立体猫须与手擦猫须相比，层次更分明，花纹保留时间更长，亮度和立体效果更佳。

3. 手折猫须

手折猫须也称压皱，将配制的药水均匀喷涂在牛仔服装所需部位，手工折叠所需条纹，蒸汽压折定型烤烘，也可采用线缝折叠洗水，线缝高点洗白，低点保留牛仔面料原色，装饰效果更强烈。

（三）喷沙

喷沙是为获得牛仔服装的局部装饰效果。在牛仔服装洗水之前，利用高压的压缩空气将棱角状砂料喷射到牛仔服装待处理部位的面料上，面料靛蓝颜色层脱落，肌理变得柔软、疏松、粗化、色彩变白、层次感增强，使牛仔服装产生奇特的装饰效果。

（四）手针

在牛仔服装的腰头、裤脚、口袋等处，用手工针缝或用胶枪打胶针缝皱起来，在面线处扫药水或漂水后进行洗水处理，烘干后折线，服装展开后褶皱处凸出部位颜色较浅，凹进处颜色较深，褶皱紧处仍保持面料原色，使服装呈现立体的装饰效果。

（五）人为损伤

牛仔服装为了取得特殊的装饰效果，常采用人为损伤的办法，如用重磨、特重磨或剪刀等坚硬物，在服装面料的相关部位制出规则或不规则的小洞，在牛仔服装表面形成局部或全面的装饰效果。按照对面料的损伤方式可分为刷擦法、刮烂法和磨边法等。

1. 刷擦法

刷擦法即采用刷子摩擦的方法，这种方式首先将牛仔服装吹胀并固定，用刷子或磨轮在牛仔服装面料的表面进行处理，使服装表面磨白，然后手工修整服装细微部位。

2. 刮烂法

刮烂法是采用钢锯条对牛仔服装装饰部位进行横向刮烂，使牛仔服装上产生破洞，破洞必须保持纬纱完好，大小根据装饰设计要求而定。

3. 磨边法

一般在牛仔服装的裤子带口、表带口、裤脚口或上装的口袋口、袖口、下摆等处用砂轮进行打磨，使其产生绒毛感，但不能有纱线和破洞出现。

（六）手绘

用粉笔把设计好的图案纹样描绘在牛仔服装的装饰部位，用一定浓度的高锰酸钾溶液根据图案纹样线迹进行描绘，描绘完成待高锰酸钾氧化成二氧化锰后，用草酸、亚硫酸氢钠等还原剂洗去二氧化锰。牛仔服装装饰部位将出现霜白图案纹样，描绘的次数、涂鸦、喷绘等手法和次数不同，将产生不同的艺术效果。若想获得其他色彩效果，可采用套色或局部染色方法处理，也可使用涂料上色。

（七）激光雕刻

激光雕刻是采用激光技术和计算机辅助设计技术对牛仔服装面料进行艺术处理，赋予牛仔服装特殊的印花效果装饰技术。

牛仔激光成像肌理是通过激光器发出激光束，经处理后在牛仔服装面料表面进行图案纹样加工。图案纹样信息由计算机分色系统生成并控制激光打点，使图案纹样在牛仔服装上还原，得到各种所需的图案纹样。

牛仔激光成像工序如下：设计师将设计好的图案通过扫描输入计算机，经编辑定稿后，将编辑好的图案输入牛仔激光成像机，牛仔服装装饰部位通过激光扫描后，即得到牛仔激光成品服装。激光成像装饰技术与传统装饰技术比较，具有以下优点。

1. 装饰效果好

通过激光瞬时照射，即可以引起面料染料汽化，引起变色、褪色，但不损伤面料纤维，达到比石磨或手工磨砂更理想的装饰效果。

2. 工序少

传统方法为在牛仔服装上印制图案纹样，须经制模板、手工磨砂、擦刷等复杂程序，激光成像不需模板，操作简单易行。

3. 高质量、高效率、低成本

由于激光成像技术可以把所设计的图案纹样准确输入计算机内由激光实施还原，所以，图案细腻、逼真、层次丰富，并且图像与服装装饰部位有着高度的准确性。与传统印花单件制作相比，激光成像不仅可满足个性化需求，还可满足批量生产的需要。

由于减少了操作工序、提高了生产效率，加工成本大幅降低。图3-33为牛仔服装破洞、磨边、手缝、猫须、激光雕刻、手绘装饰效果；图3-34为山水丹宁水洗牛仔裤；图3-35为山水丹宁水洗牛仔服装。

（a）破洞

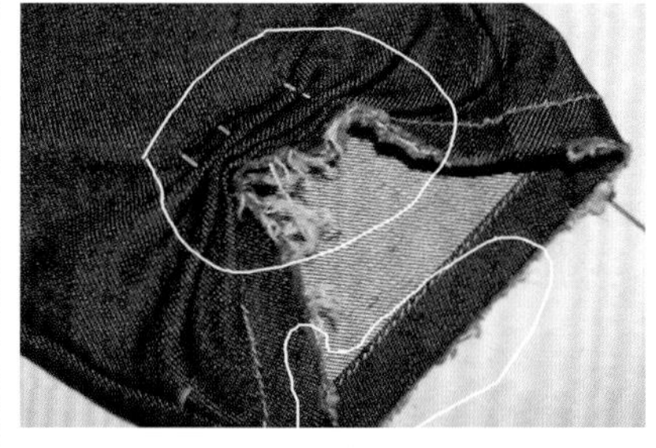

（b）磨边

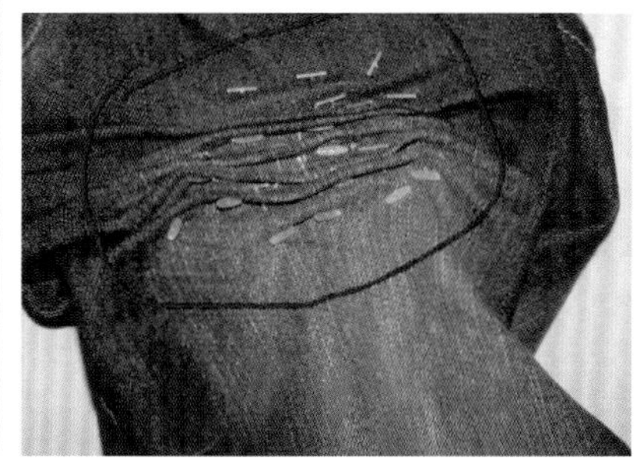

（c）手缝

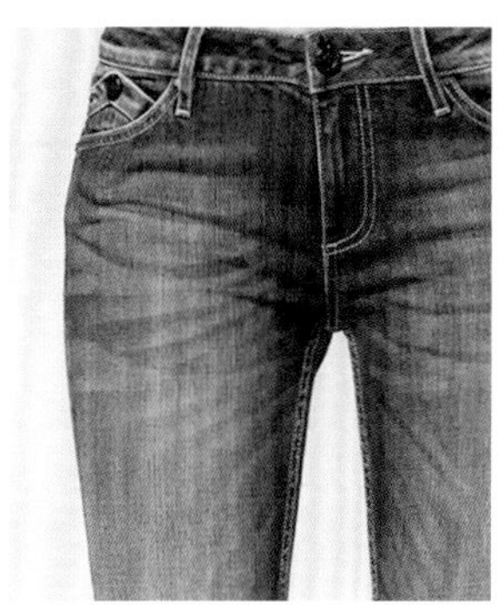

（d）猫须

（e）激光雕刻

（f）手绘

图3-33　牛仔服装破洞、磨边、手缝、猫须、激光雕刻、手绘装饰效果

图3-34　山水丹宁水洗牛仔裤

图3-35　山水丹宁水洗牛仔服装

思考题：

1. 简述牛仔服装装饰设计的原则和表现方法。

2. 牛仔服装装饰设计的程序包括哪些？如何实施？

3. 牛仔服装成衣的装饰工艺有哪些？

第四章

牛仔服装装饰设计的点线面应用

牛仔服装装饰设计的美感形成与产生，虽然构成的要素很多，但基本上都离不开具体的构成形式和美学原理。

牛仔服装装饰设计是与服装整体设计一体化的设计，就装饰形态而言，是由最基本的构成要素——点、线、面构成。这些构成要素在牛仔服装装饰设计中通过装饰图案、装饰材料和装饰技艺与服装融为一体，表现为抽象或具象的构成要素，在牛仔服装的整体造型设计中表达出来。

点、线、面是牛仔服装装饰设计的基本要素，它们既有自己的独立特征，同时又相互联系和转化，这种独特性和关联性将使牛仔服装产生不同的装饰风格和视觉效果，牛仔服装点、线、面装饰的特性可以分为规则与不规则两种类型。

规则的构成是指装饰的图案纹样在服装装饰部位形成整齐排列的点、线、面装饰，装饰效果有严谨、整洁、规律的装饰效果，但这种机械的装饰若在服饰上通过装饰的位置、节奏、面积、材料肌理等艺术处理，同样会获得丰富多样、自然流畅的装饰美感。

牛仔服装不规则的点、线、面装饰，装饰图案纹样的形状、排列均不规范，有一定的随意性，但表现在牛仔服装装饰上可以在装饰部位产生不同的肌理、质感和色彩变化，使无序变成有序的美感。

在牛仔服装装饰设计实践中，往往是规则或不规则的点、线、面装饰混合运用，融合统一，使整个服装的装饰设计既有静态的秀美，又具有青春跃动的活力。

第一节　点装饰的运用

牛仔服装点装饰设计一般是在服装的衣领、口袋、门襟、肩、袖、裤脚、裤线等部位采用特定的装饰材料，按照创意设计的图案纹样，通过点的排列组合设计，表现牛仔服装富有装饰个性的美感。

金属铆钉和后腰标牌，这种点装饰形式是传统牛仔裤的主要特征。后来随着牛仔服装品种和款式的不断增多，在服装结构的装饰部位采用的装饰材料和装饰工艺等点装饰有了进一步扩展。

一　牛仔服装装饰设计的点装饰构成

点装饰是牛仔服装装饰造型设计的重要设计手段之一。在装饰设计中，点不仅有形状、大小、位置的区分，而且有色彩、质感的分别。

点装饰在牛仔服装装饰中起着突出诱导视觉、标明位置、调整结构、丰富色彩和增强审美效果的作用。从装饰设计造型来看，点不仅有大小，也有面积、形态和方向性。从点的大小来看，点越小，点的感觉越强；点越大，则有面的感觉，点的感觉减弱。

从点与形的关系来看，圆点最为有利，即使面积较大，在很多情况下仍给人点的感觉。如果点过小，点的存在感也将减弱，反之，轮廓不清或中空的点也会显得较弱。

点装饰在牛仔服饰的不同位置、形态及聚散的变化，都会带给人们不同的视觉感受。点在空间中心位置，可产生集中感；点在空间一侧时，可产生不稳定游移感；点竖直排列可产生直向拉伸的苗条感；较多的数目、大小不等的点作渐变排列，可产生立体感和视错感；大小不同的点作有序的排列，可产生节奏韵律感。

点装饰的形状、大小、位置、色彩、材质等特性的任何一项改变，就可以使服装在形式上发生变化。点在服饰中小至纽扣、面料的圆点图案，大至装饰品，在服装设计中恰当运用点装饰，富有创意地改变点的位置、数量、排列的形式、色彩以及材质任一特征，就会产生出其不意的艺术效果（图4-1）。

图4-1　点装饰牛仔服装设计（设计师：屈奕彤）

二　点装饰的表现形式

（一）标牌、绣标、金属铆钉装饰

自1873年，美国著名牛仔服装品牌李维斯为加固牛仔裤后袋的金属铆钉申请了专利。1936年，李品牌的真皮烙印大皮标牌诞生。同年，李维斯品牌首次推出了牛仔裤后袋上的红旗标，这些都是点装饰在牛仔服装装饰设计中最原始的表现形式。

牛仔服装虽然经过了一百多年的发展历史，各种风格、种类的牛仔服装多种多样，但标牌、绣标和金属铆钉的点装饰，时至今日仍然是牛仔服饰的标配。一方面，坚实、豪放的皮标是牛仔服装品牌独特的商业标志；另一方面，这种装饰保留了牛仔服装的历史文化内涵。金属铆钉不再只是为了加固服饰而利用的材料，而是被赋予了更多的装饰功能。铆钉的大小、形状、位置、色彩、材质等物化特征，都将对牛仔服装的风格和审美情趣产生重要影响。图4-2是一款采用铆钉装饰设计的牛仔裤，面料经褶皱和猫须装饰，使裤装面料肌理丰富而别致，采用大小不等的金属铆钉分别在腰头、裤袋、表袋和挖补处等部位进行非规则装饰，使裤装呈现精致而豪放的气质。

在图4-3中，牛仔短夹克衫在前襟装饰四个金属铜扣，装饰的小型铆钉颜色不同，带有趣味性。这种装饰设计带有女装男性化的倾向，具有强烈的视觉冲击效果。肩部和领部的铆钉装饰成为整款服装的视觉焦点，也符合牛仔服装自由、浪漫的情调。

在图4-4中，铆钉的大小、形状、颜色、材质和装饰位置的差异性对服装的整体风格产生重大影响。铆钉材质、大小、形状变化较多，装饰风格呈无序的散状分布，这种融合了街头、华丽和时尚元素的装饰，巧妙地将性感与粗犷结合在一起，展现出前卫和夸张的效果。

图4-2　铆钉装饰牛仔裤

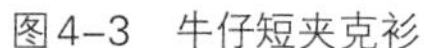
图4-3　牛仔短夹克衫

图4-4　铆钉装饰牛仔服装

（二）纽扣装饰

纽扣在牛仔服装装饰设计中具有功能性和装饰性双重作用，一般集中表现在大小、聚散和色彩的处理上。

单一纽扣在牛仔服装上往往会成为视觉中心，因此，纽扣的大小、色彩和材质应与服装的整体风格相匹配。三个以上纽扣的排列组合应重视纽扣在服饰中的平衡感和稳定性。

在装饰设计中，纽扣大小的选择，需要注意运用的位置及其功能性。对于有实用功能的纽扣，必须根据服装的结构和款式的需要来进行选择；对于有装饰功能的纽扣，在保证实用功能的前提下可突出其装饰性。

在色彩上，应处理好纽扣色彩与牛仔服装整体色彩的协调性。图4-5为单扣和三扣在牛仔服装装饰中的艺术效果；图4-6为装饰扣、多扣装饰的艺术效果。

图4-5　单扣、三扣装饰的艺术效果

图4-6　装饰扣、多扣装饰的艺术效果

（三）面料肌理图案点装饰

利用面料的点状肌理结构的对比或组合效应进行牛仔服装装饰设计是常用的一种装饰设计手段。

在牛仔面料生产过程中，除通过印染技术可获得丰富多样的点状图案花纹外，不同的混纺材料（如棉麻等）、提花技术、电脑刺绣、电脑印花等也都可以生产具有点状肌理的牛仔面料。

点的造型多种多样，排列组合有一定规律，可以呈现二维到三维的视觉效果。无论是作为牛仔服装的主面料，还是与其他面料组合设计，都会成为服饰的视觉中心，具有活泼律动的美感。

图4–7是一款具有点状肌理结构的弹性牛仔面料，在蓝色的面料上形成深浅不同的点状肌理。这种自然的肌理变化，可以使服装产生丰富的层次性，更加体现出服饰的自然美感。

牛仔面料的装饰图案纹样种类丰富，每年都会有大量新颖的点状面料面市，供设计师选用。图4–8是规律点状几何印花图案女式休闲牛仔服装，采用蓝白相间的几何装饰面料，衣服上用牛仔和钻石进行装饰，起着“强调”和“提神”的作用，为整套服装注入了高雅和自然的时尚气息。

图4–7　点状肌理结构牛仔面料

图4–8　规律点状几何印花图案女式休闲牛仔服装

图4–9是著名的意大利服装品牌乔治·阿玛尼以面料肌理点装饰设计的牛仔服装。其中，黑色、一字领、短袖连衣裙，整款设计简洁明快、结构清晰，以大型圆点图案面料装饰突出设计重点，设计师利用不规则圆点图案的内部结构色彩和纹样变化，在银灰的色彩背景下，以金、银、红、绿等分散的小型色点为衬托，吸引了视线集聚，使整套服装充满了女性魅力。女士吊带背心与宽松的牛仔裤搭配是具有动感和时尚感的设计，面料肌理点装饰设计成为该款牛仔服装装饰设计的主体，吊带背心采用褶皱裁剪形成立体感的规律性装饰，与裤装散状部分不规则的点状印花纹样呼应，营造出高贵、优雅的气息。

图4–10是乔治·阿玛尼利用面料肌理纹样图案设计的另一组女式休闲牛仔服装。其中，翠绿黑点花纹图案的抹胸上衣与黑色宽松牛仔裤搭配，呈现出温和、婉约的格调，使人获得视觉和心灵的满足。另一套采用印花面料装饰设计的女式休闲牛仔服装，在装饰设计上，上装为深绿、浅绿、白色相间的彩印花格图案装饰的牛仔面料，裤装是黑底

图4-9　乔治·阿玛尼以面料肌理点装饰设计的牛仔服装

图4-10　乔治·阿玛尼利用面料肌理纹样图案设计的女式休闲牛仔服装

浅绿色圆点装饰纹样，上衣装饰的规则性色块点与裤装装饰的无序散状分布点，使服装充满了勃勃生机，形成了高品位的格调。

（四）面料再造点装饰

随着牛仔服装的流行，牛仔服装装饰艺术的表现趋向个性化、多元化、国际化方向发展，设计师对服装面料再造点装饰的运用日趋成熟，使得牛仔服装的品种和风格更加丰富多彩，下面介绍几种服装面料再造点装饰设计的表现形式。

1. 破洞装饰

破洞装饰是牛仔服装面料再造点装饰设计的一种重要表现形式，主要是在牛仔服装面料上人为地撕裂和挖洞，形成一种残缺、粗犷和个性化的点装饰艺术风格。牛仔服装破洞装饰的位置、大小、形状、数量等，应根据不同的服装艺术风格而选择不同的装饰形式。

破洞牛仔服装装饰设计的精神实质，是追求自由自在、无拘无束的生活方式。牛仔服装较小面积的破洞装饰，通常运用在牛仔裤的裤腿、腰头和裙装的裙身及上衣的前襟、肩、袖等部位，可以是单洞或多洞无序安排，或按照一定顺序排列；破洞面积虽小但仍是服装的视觉中心，表现出怀旧、浪漫和自由的设计风格，如图4-11所示为小破洞装饰牛仔裤。

较大破洞的牛仔裤，破洞面积几乎占到了裤腿面积的三分之一，不规则的大面积破洞装饰夸张醒目，边缘的猫须更是让牛仔裤看起来自由不羁。这种夸张的破洞牛仔裤，不仅具有强烈的时尚视觉冲击力，而且带有一点年轻、叛逆的意味，因而，破洞牛仔裤穿起来显得格外轻松、好看，如图4-12所示。

牛仔服装破洞装饰往往与其他现代流行元素结合运用，使服饰更加新颖、潮流，如与小型绣花、贴花、镶嵌等装饰形式组合，加强装饰点缀，运用缤纷的色彩来丰富牛仔服装装饰层次，使破洞牛仔裤更加轻柔活泼并带有华丽感。

图4-11　小破洞装饰牛仔裤

图4-12　大破洞装饰牛仔裤

2. 镂空点装饰

随着生活品质的提高，人们对牛仔服装有了更高的审美要求，把镂空点装饰设计引入牛仔服装设计中，使牛仔服装具有时尚化与个性化，是牛仔服装装饰设计的发展方向。

镂空点是一种虚点的形式，形成面料镂空处对皮肤或下层面料的透露。蕾丝是牛仔服装常用的一种镂空点装饰材料，具有自然随意、烘托服装风格的作用。

牛仔蕾丝面料是牛仔服饰面料中的一个新品种，现代牛仔蕾丝面料已经实现了机械化的生产，各种材料、色彩、花型琳琅满目，在牛仔服装上的运用已由局部装饰扩展到整衣设计，多姿多彩，向人们展现其独特的视觉魅力。

在牛仔服装装饰设计中，牛仔蕾丝面料与普通牛仔面料相比，具有镂空特性，面料色彩丰富、花型多样，使面料本身就具有很强的装饰感。通过不同结构、材料、色彩的设计要素配置和不同的装饰工艺组合，可以设计出适合不同消费群体的不同风格服装。

牛仔蕾丝面料在装饰风格上具有广泛的适应性，从清纯活泼的童装、休闲装、运动装到富贵华丽的时装，以女性服装运用较多。图4-13是红色蕾丝牛仔连衣裙，以牛仔蕾丝面料自身的花型为装饰图案，与服装整体形成一种和谐的美感，款式、结构简洁，袖部和腰部设计充分利用蕾丝的特点形成一定的褶量，结带领的设计具有天真烂漫之感，同色的里衬和裙摆网眼的变化营造出别样的活力和朝气。

图4-14为一款蕾丝面料长袖牛仔裙，紫红色蕾丝和精美的花纹图案象征着优雅高贵的气质，剪裁精准，线条严谨、流畅，在胸、腰、下摆、袖口处进行了收省，更加突出了女性优美的身材曲线，蕾丝面料局部的通透成为集聚视觉的设计点。

除将牛仔蕾丝作为面料以外，蕾丝也可作为牛仔服装局部装饰设计的重要装饰材料。蕾丝在牛仔服装装饰设计中用作辅料，主要应用在领口、袖口、下摆等局部，也可与其他牛仔面料拼接组合设计。

图4-13　红色蕾丝牛仔连衣裙

图4-14　蕾丝面料长袖牛仔裙

目前，牛仔服装装饰设计可以选用的蕾丝原料很多，有纯棉、混纺、丝、毛等各种质地、厚薄、色彩及图案纹样的蕾丝原料。

牛仔服装局部蕾丝的装饰设计必须与服装整体设计协调一致。常用以下几种装饰设计方法。

（1）点缀装饰。在运用蕾丝点缀装饰的牛仔服装设计中，蕾丝的材质和色彩选择是一个关键环节。虽然牛仔服装大面积的面料色彩对服装起主导作用，蕾丝仅起点缀作用，但因蕾丝的通透性及其醒目色彩和图案纹样，蕾丝仍会成为视觉中心。

因此，对蕾丝与面料搭配比例合理性、色彩对比协调性、蕾丝材质及图案纹样时尚性的选择，是蕾丝运用于牛仔服装点装饰设计的关键。运用柔软的丝质花边图案蕾丝装饰，使简约的服装结构形成了强烈的立体装饰效果，轻柔的蕾丝与粗犷的水洗牛仔面料对比，色彩明快、和谐统一，增加了女装的妩媚气质，使服装在随意中产生优雅、飘逸的感觉。

（2）重叠装饰。在牛仔服装装饰设计中，可以重叠运用薄型柔软的蕾丝，也可以通过打各种褶裥进行重叠。重叠蕾丝装饰设计首先应考虑蕾丝的厚薄、质地和装饰的部位及分量，在领边、袖口或下摆采用两层软质蕾丝装饰，使服装富有活泼感和韵律感，使牛仔服装设计在蕾丝的点缀下更富有浪漫、时尚气息。在图4–15中，牛仔服装在领、袖和短裙下摆处均采用黑色蕾丝装饰，牛仔蓝的裙身与黑色蕾丝装饰搭配，色彩对比均衡而协调，形成了柔美可爱的视觉感受，体现了服装典雅、大方的风格。

（3）拼接组合装饰。蕾丝面料与牛仔面料的拼接组合设计，是牛仔服装装饰设计中常用的一种装饰手法。拼接装饰设计对牛仔服装的面料、款式、色彩都有改进作用，根据蕾丝面料和牛仔面料的不同视觉反应和服饰功能的需要，这种拼接组合设计形式可以运用到服装的任何部位，使服装呈现不同的风格。

在利用蕾丝拼接组合进行牛仔服装装饰设计时，蕾丝面料与牛仔面料的色彩组合搭配是至关重要的因素，色彩拼接的形式直接关系牛仔服装整体风格的塑造。

在牛仔服装装饰设计中，常用的色彩拼接方法有对比色拼接、同类色拼接和邻近色拼接等形式。在蕾丝与牛仔面料拼接设计中，不仅要关注消费者对服装色彩特性的表达，同时也要重视流行色的市场变化，这样才能满足市场的需求。

蕾丝面料具有花纹多样、色彩丰富、质地柔软、视觉效果通透等特点，因为有网状结构，所以在拼接组合设计中，蕾丝的通透性、易脱散性等问题是设计师首先必须关注的问题。

在拼接组合设计中，对蕾丝和牛仔面料的选择应视牛仔服装的穿着目的而定，若为休闲风格牛仔服装，可选择色彩明快的棉质或丝质蕾丝与水洗薄软型牛仔面料拼接设计；若为日常生活装、运动装，可选择蕾丝与牛仔面料拼接，增加牢度和耐用度；若为时装，则应选择花纹精致的蕾丝与高档牛仔面料拼接，提高服装的品质感和华丽感。

由于蕾丝基本上都是网状结构，这种性能特点决定了蕾丝拼接服装在款式设计、加工工艺设计上都有自身的特点和规律。在拼接设计时，牛仔服装的领、袖、肩、门襟等易变形的部位常用蕾丝拼接，而其他部位常用耐磨、耐洗、不易变形的牛仔面料。

图4-16是一款牛仔连衣裙，裙身选用水洗浅蓝色薄型牛仔面料，在领口、肩、门襟部位用淡黄色纹样丝质蕾丝拼接设计，在色彩搭配上，明亮的淡黄蕾丝与天蓝的牛仔面料拼接组合，令人产生愉悦感，丝质镂空的蕾丝成为服装的视觉中心，将女性体型线条展露无遗，使牛仔服装呈现华丽、时尚的视觉效果。

3. 无形点应用

无形点不具备点的形态，通过其他工艺褶裥的处理，使人在视觉上产生点的形态，在服装中产生视觉集中效果，胸、腰、臀部等身体曲线最佳处为无形点的位置（图4-17）。

此外，牛仔服装装饰设计常把贴画、镶嵌、小型绣花等也列入点装饰范畴。在牛仔服装点装饰设计过程中，任何形态的点都不是独立存在的，往往会发生各种形态点的配合运用，或与其他装饰形式有机融合使与服装的整体装饰风格协调、统一。

图4-15　黑色蕾丝装饰牛仔裙

图4-16　蕾丝装饰牛仔连衣裙

图4-17　牛仔服装无形点装饰（设计师：杨茅玲）

图4-18为奥迪斯品牌的点装饰设计的牛仔服装，浅蓝色的女式休闲牛仔套装，短夹克衫采用了印花牛仔面料，其中不规则的点装饰成为视觉中心，口袋的珠光镶嵌使服装呈现出高贵、典雅的气质，牛仔裤银色铆钉和裤腿的破洞在洗白的面料上活泼生动且时尚；蓝黑色牛仔裙采用高弹牛仔面料，高腰、紧身、大摆的造型，运用不规则形状的色块，使整款裙装简洁大方、轻松自然。

图4-18　奥迪斯点装饰牛仔服装设计

第二节　线装饰的运用

在牛仔服装装饰设计中，线在装饰艺术造型中的应用非常广泛，如服装的轮廓线、结构线、机缝线、装饰线、图案纹样线及饰品线等，不同形态线的应用，创造和丰富了牛仔服装造型、款式和色彩的变化，使服装装饰艺术的美得到升华。

一　线装饰的特性

装饰设计中各种类型的线所发挥的作用不同，在牛仔服装装饰设计艺术上所表达的感情和性格也不同。

（一）垂直线

垂直线给人通直、上升、挺拔的力量感和纵向的动感。在牛仔服装造型中，竖条图案的裤子会在视觉上增加腿的长度，竖条装饰的裙子在视觉上呈现出修长、苗条的感觉。图4-19为蓝色竖条直纹牛仔裙，款式设计简约，强化领、腰、袖的细节处理，装饰设计以面料的选择为重点，简洁的直身造型，利用面料蓝白相间条纹的装饰效果，给人一种亭亭玉立的视觉美感。

（二）水平线

水平线呈现横向、平静、宽广、安稳的特性。在牛仔服装装饰设计设中，在肩、胸等部位运用水平线装饰给人平和、稳定的感觉。图4-20是一款采用横向平行花纹设式的女式牛仔休闲套装，平行花纹的短袖T恤显得轻松、随意、平和，下身为牛仔七分裤，整体设计提高了腰线，从整体上拉高了人的身体比例，使人富有慵懒的都市气息。

图4-19　蓝色竖条直纹牛仔裙

图4-20　横向平行花纹女式牛仔休闲套装

（三）斜线

斜线具有不稳定、倾倒、分离的特性，在童装、休闲装、运动装、时装等牛仔服装装饰设计中常采用斜线分割，以寻求活泼、动感的变化（图4-21）。

图4-21　斜线牛仔服装

（四）曲线

曲线具有圆顺、飘逸、起伏、委婉的特性，具有极强的跳跃感和律动感。曲线可分为几何曲线和自由曲线两种。

几何曲线是按照一定的规律形成的曲线，在牛仔服装装饰设计中，常用几何曲线构成的装饰要素装饰服饰，如圆形构成的图案纹样装饰上衣下摆，波动状纹样装饰裙子等，几何学曲线装饰线往往给人一种女性柔美的效果。

自由曲线具有一定随意性，是没有规律、自由奔放的曲线，因此，在装饰设计中，自由曲线装饰艺术效果更具有特性。自由曲线是一种极具生命力的线，可为设计师提供更大的自由创作空间。

在牛仔服装装饰图案纹样中，自由曲线构成了各种生动多变的图案纹样，线条极富力度和弹性，呈现出无穷的魅力，应用于服装的装饰设计可以产生丰富多彩的艺术效果（图4–22）。

图4–22　牛仔服装曲线装饰（设计师：潘璠）

二 线装饰的作用

线是物体抽象化表现的有力手段，本身具有卓越的创造力，也可产生卓越的造型效果。线的形态有粗细、浓淡、间隔、方向等特性。

（一）线的粗细

粗线有力，细线锐利，在牛仔服装装饰设计中加入不同粗细的线装饰，粗线可以获得强调的效果，细线可以起到丰富和装饰的作用（图4–23）。

图4–23　牛仔服装粗细线装饰（设计师：熊睿）

（二）线的明度

线具有明度和调子的变化，在装饰设计中可以产生强烈的凹凸感。

（三）线的间隔

粗细、长度、明暗等一切条件相同的线在配置的时候，间隔紧密的线群比间隔宽松的线群显得后退，利用这种关系可表现强烈的感觉和立体感。

三 线装饰的运用

牛仔服装线装饰是以织、印、染、后整理工艺等的图案纹样装饰形式出现在牛仔服装装饰艺术中。

（一）面料肌理结构线装饰

现代牛仔服装面料的生产，无论采用机织生产或针织生产方法均可以生产出各种带有条纹组织结构的牛仔面料。

这种带有自然线状纹理的面料具有良好的服用性能，穿着舒适，线性纹理自然挺拔、美观大方，能充分体现人体的健康美和潇洒风度。

在牛仔服装装饰设计中，常用线状纹理效果结合面料的色泽变化、图形效果等方法使单独的线状牛仔面料更富有灵动性，或把线状牛仔面料与不同质地和材料纹理结构的牛仔面料组合，使之产生整体的协调感。

对牛仔面料进行各种特殊印染整理，如弹力牛仔丝光免烫、异色涂层、拨染印花等工艺处理均可赋予牛仔服装独特的线性装饰外观与风格，使牛仔服装品种和档次向多品种、多功能、高档次方向转变，产生更大的经济效益和社会效益（图4-24）。

图4-24　图案线装饰（设计师：屈奕彤）

（二）成衣面料再造线装饰

在牛仔服装后整理工序中，常采用手擦、机擦、猫须压皱压花、手绘、激光刻蚀等深加工工艺。它们一般属于牛仔服装的局部工艺处理，可以在牛仔服装上形成局部的线状装饰，这是一般洗染加工所无法达到的装饰效果，更能顺应牛仔服装市场的潮流。这种通过加工工艺所形成的服饰产品更具装饰艺术价值（图4-25）。

（三）线迹装饰

自牛仔裤诞生以来，李维斯牛仔裤的双拱形线迹就成为牛仔服装的一个特殊标志，经过多年的演变，线迹装饰已经发展为牛仔服装重要的装饰手段。

线迹装饰是牛仔服装的鲜明而独特的装饰特点，在牛仔服装装饰设计中，线迹装饰的运用是极为普遍和丰富的，而且极富牛仔服装特色。

简约流畅、富于灵性和张力的线迹装饰，使气韵生动的牛仔风格与现代审美情趣构成了一个有机的整体。丰富多彩的线迹装饰，不仅有各种直线、曲线等线条几何形状的灵动变化，而且有线条体量、色彩、位置、材料的巧妙布局，使牛仔服装的线迹装饰与款式构成达到了完善、统一的艺术效果。

在牛仔服装造型装饰中，常用直线线迹装饰牛仔服装的肩部、背部、袖口、裤线，表达服装简约、坚强、流畅、规整、活泼的气质和风格。在牛仔服装廓型中，常常以几何曲线为构成要素，对服装图案纹样、服装下摆、裙摆等进行装饰，给人一种温馨、柔美的装饰效果。自由曲线的线迹多用于牛仔女装的门襟、袖子、领、下摆等部位，使之产生一种青春活泼、飘逸婉约的律动感，更加突出牛仔服装的无穷魅力。图4–26是一组线迹装饰牛仔服装设计，男装风衣在领、肩、衣襟、口袋、袖口及裤装的腰线、口袋线、门襟线等部位，分别采用直线、曲线、斜线等双缉线进行装饰，浅黄色的双缉线把深蓝色牛仔风衣的结构勾画得清晰而明确，使服装呈现干练挺拔的视觉效果，线迹的装饰设计给深蓝色调的服装带来了彩色的亮点，并成为服装的视觉中心。女装的夹克和半身裙套装，采用了机织柔软的水洗牛仔面料，在夹克的领、肩、口袋、前襟和下摆用双缉线装饰，裙身两侧用竖线装饰，设计师在服装结构线部位采用线迹装饰，塑造的廓型更加紧凑、线条更加精确，白色的线迹与牛仔蓝的强烈对比，成为打造视觉效果的基本元素。

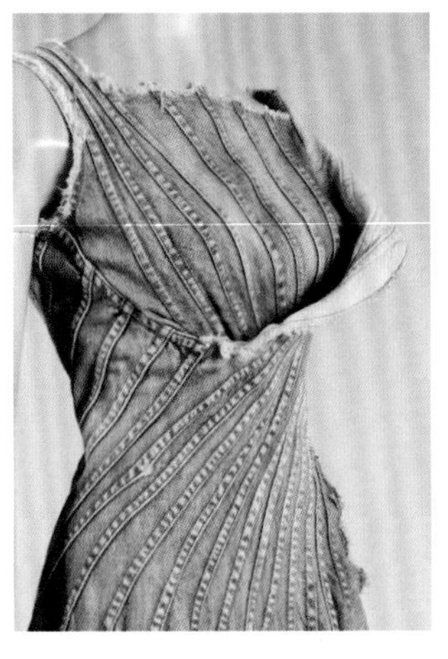

图4–25　再造线装饰

图4–26　线迹装饰

（四）装饰线

在牛仔服装装饰设计中，把拉链、流苏、镶边、嵌条、绳带、贴条、滚条等具有线性装饰作用的部件统称为装饰线。这里重点介绍拉链和流苏在牛仔服装装饰设计中的运用。

1. 拉链在服装装饰设计中的运用

1983年，美国惠特康·贾德森（Whitcomb Judson）发明了拉链。1926年，世界第一条拉链牛仔裤由李公司推出，经过多年的发展，拉链已经成为牛仔服装最常见且应用最普遍的配件之一。

拉链在牛仔服装中具有实用性和审美性的双重功能。随着牛仔服装不断地普及和流行，拉链已广泛应用在牛仔服饰的各个领域，除各类服装以外，在牛仔鞋、帽、箱、包等领域都得到了广泛运用。

拉链不仅具有丰富的使用功能，在服装设计中还构筑了独特的线性装饰功能。拉链构成的原理是由一个滑动装置滚动连接双排交错的点状物，其中滑动的点形成了线的轨迹。

因此，拉链在服装上的运用必然有线装饰的共性，具有长度、粗细、位置及方向上的特性。拉链流动的线形以及柔软易变的构成特征对服装的风格、结构也会产生重要影响。随着人类生活方式的不断变化，各种形态、材质、长短、宽窄、色彩的拉链可供设计师选择，如金属拉链、树脂拉链、尼龙拉链、隐形拉链、防水拉链等，长短、宽窄、色彩更是多种多样，为设计师提供了更大的选择空间。

拉链在牛仔服装装饰设计中的运用，应在与服装设计总体风格相融合的前提下，根据功能和审美的需求进行选择和配置设计。

一般，拉链在牛仔服装装饰设计中有三种运用方式，即单纯利用其功能特性或装饰特性，或在同一款服饰中同时利用拉链的功能和装饰特性开展设计工作，但无论利用拉链的哪种特性，都必须充分考虑拉链在保证其功能和审美的前提下与牛仔服装整体的结构、款式、色彩设计协调统一。例如，图4-27是一款女式驳领短牛仔夹克衫，蓝色的水洗牛仔面料，服装结构、造型和细节处理完全呈现直线装饰的特性。拉链的装饰设计从实用和审美的双重功能出发，前襟和衣袋口采用的古铜色金属拉链具有扣合功能，驳领折线处采用弯曲拉链装饰，与服装的双缉线装饰风格统一协调，具有舒适、随意的特点。图4-28是一款牛仔女装，服装采用灰蓝色棉牛仔面料，紧身的剪裁、简约合身的廓型设计，令穿着者清秀时尚，两侧斜线拉链装饰和一字肩的组合设计突出了服装的立体化。整件服装完美地展

图4-27　拉链装饰牛仔夹克衫

图4-28 拉链装饰牛仔女装

现了设计师巧妙的创意构思。

2.流苏在服装装饰设计中的运用

流苏源于拉丁语中的“fasaau”，译为旒、缨、穗子，古代时是一种下垂的以五彩羽毛或丝线等制成的穗状饰物。

流苏是一种重要的服饰装饰元素，种类、形式、色彩多种多样，运用在服装装饰上多以材质进行区分，如棉织物、丝毛织物、皮革、化纤等。由于流苏具有很好的层次感和肌理感，所以在服饰中的装饰性很强，使服饰的整体造型变得更加浪漫生动，极具奢华气息。

流苏是牛仔服装装饰设计的重要时尚元素之一，由于其独特的结构和表现方式获得了消费者的喜爱，除了应用在牛仔服装装饰中以外，在牛仔系列产品如鞋靴、帽饰、包袋等都得到了广泛运用。

在牛仔服装装饰设计中，流苏具有层次感，有时发挥点缀作用，对服装某些部位进行装饰，也可以构成服装的主体装饰，发挥服装构成要素的关键作用。流苏与其他服饰材料拼接，有延伸的线性装饰作用。

流苏点缀装饰是在牛仔服饰设计中经常运用的一种装饰手段。流苏可以应用在牛仔服装的肩部、袖部、胸部、背部、腰部、臀部、腿部以及服装其他不同的细节点缀设计。这种点缀装饰可以表现出女性性感飘逸的美感和优雅的女性形象。

图4-29为黑色直身牛仔裙装，采用了轻薄、柔软的牛仔面料，裙身大腿部位以下至膝关节运用丝质黑色流苏装饰，轻质的黑丝折成细条，从腿部向周围飘然散开，呈现出女性秀美、优雅的高贵气质。

流苏在牛仔服装中的主体装饰作用，是通过流苏在服饰设计中线条的反复布列以及不同密度的堆集来实现的。大面积流苏的使用可以为服装打造出与众不同的强势律动感，不同距离的流苏布列可以产生服装厚薄、多少、虚实的对照效果。

在图4-30中，这款牛仔时装充分体现了流苏装饰的高贵、优雅风格，采用高腰裙设计，裙下流苏自然张开，呈A字型，面料和流苏采用薄型飘逸的奶白色竖纹牛仔面料，裙身以流苏结构层叠舞动，整款牛仔时装充满现代感。

流苏与不同的流行元素拼接在一起被用于和牛仔服装的主体相连，可以产生更强的视觉冲击力。

这种装饰手法是将牛仔服装装饰设计的流行元素整合在一起，如流苏元素与镂空、珠绣、毛边等设计搭配，可以赋予牛仔服装新的活力和时尚感。

近年来，流苏与牛仔面料再造的组合设计引领着牛仔服装时尚潮流，面料破洞加流苏设计、面料水洗拉毛加流苏设计成为牛仔服装装饰设计新热点。图4-31是一款拉毛装

图4-29　黑色直身牛仔裙装流苏装饰

图4-30　流苏装饰牛仔时装

图4-31　拉毛装饰牛仔服装

饰牛仔服装，无袖牛仔外搭下摆拉毛流苏状松散排列，在服装下部边缘拉毛流苏状，服装装饰充分利用牛仔面料和流苏的装饰特性，一改过去流苏的柔美细腻感，彰显了女性的朝气和个性化。

第三节　面装饰的运用

一　牛仔服装面装饰的概念

在牛仔服装装饰设计中，服装面的装饰是牛仔服装装饰艺术的核心要素。在服装装饰造型上，无论是面料、结构、色彩、图案，均可认为是由一定形状的面所构成。

在几何学上，面是由线的移动轨迹所构成的，面有平面、曲面两种形式。平面又按线的构成形态分为规整的平面和不规整的平面。规整的平面包括方形、圆形、椭圆形、三角形、多边形的面，也包括各种有规律的曲线形成的面等。不同形态的面给人的视觉感受不同，方形的面给人以安定、有序的感觉；三角形的面因其三边的长度不同，给人的感觉有稳定感或者锐利感；多边形的面则有多变、丰富和多样化的感觉；圆形的面则可能产生一种圆满美好的感觉；由几何曲线所形成的面给人一种律动、柔美的视觉效果。

在不规整的平面中，可分为直线形平面和曲线形平面，直线形平面特征是活泼、明快、丰富；曲线形平面特征是自如、多变、随意而洒脱。

曲面是通过曲线运动轨迹构成的面，分为规则曲面和不规则曲面两种形式，规则曲面包括柱面、锥面、球面、卵形面等；不规则曲面指各种自由形态的曲面。

面与面的分割组合，以及面与面的重叠和旋转会形成新的面。服装的轮廓构成及结构线、装饰线对服装的不同分割产生了不同形状的面，同时面的分割组合、重叠、交叉所呈现的平面又会产生不同形状的面。

牛仔服装装饰设计正是由于面的形状千变万化，分割组合、重叠、交叉所呈现的布局才会丰富多彩，由于面之间的比例对比、肌理变化、色彩配置及装饰手段的不同运用，使服装产生风格迥异的装饰艺术效果。

二 牛仔服装面装饰的表现形式

（一）面料的面装饰

牛仔服装面的选择和运用是服装设计中的一个重要设计环节，在牛仔服装设计要素中，服装的色彩和服装材料两个要素是由所选用的牛仔服装面料来体现的。此外，服装功能性、款式造型、成本因素及流行性等也需要服装的面料特性来保证，因此，服装面料的面装饰将对服装的整体设计的审美效果产生重要影响。

在牛仔服装装饰设计实践中，一般设计师在设计创意阶段就已经选择好了服装面料，并且会受到面料质感的启迪开展装饰设计创作，装饰的图案、材料和部位都可以在后期进行调整，但是面料织物的纹理和性能是不变的。

牛仔服装面料可分为服装制作面料和成品再造处理两种类型。现在，机制牛仔面料的品种、花色非常丰富，不仅有传统牛仔服装面料，而且还有许多新型的花色面料，如弹力牛仔布、提花牛仔布、嵌金银丝牛仔布、单面染色牛仔布以及多种复合型纺织的针织牛仔布等。这些牛仔面料都具有丰富多彩的肌理结构，本身就具有自然的美感和极高的装饰艺术价值，为牛仔服装的款式变化和设计创新提供了更大的发展空间。

牛仔服装的审美价值和面装饰性的表达，在很大程度上受到面料色彩的影响，牛仔服装装饰设计反映了人们对服装美的追求，通过牛仔服装的美去认知世界和展示美的感受，因此面料的色彩设计成为牛仔服装装饰设计要素中的重要组成部分。

在传统牛仔服装面料中，靛蓝色和黑色占据主导地位，经过水洗、打磨、洗白等面料处理工艺可以表达出丰富的色彩层次变化。

随着现代纺织科技的发展，大量新型面料不断涌现，新的低污染印染技术和面料装饰处理技术，如电脑印花、电脑绣花等在牛仔服装生产中得到广泛的应用，使牛仔服装面料的色彩更加丰富多彩，丰富和扩展了设计师对牛仔服装进行表达的形式和内容。

在牛仔服装成品装饰设计中，除广泛采用水洗、打磨、洗白、猫须、破洞、抽丝等装饰手段以外，还在牛仔服装面装饰中融入和吸收了其他装饰技术，包括印染、植绒、手绘、激光雕刻等。这些牛仔服装面装饰艺术处理手法使牛仔服装单一的面料处理变得更加丰富多彩，极大地增加了牛仔服装款式风格的丰富性（图4–32）。

图4–32 牛仔服装的面装饰（设计师：吕君桦）

（二）廓型、结构、装饰线形成的面装饰

牛仔服装的造型由各种不同形式的面所构成，正因为面的运用和体现才使服装的款式结构千变万化、风格迥异。服装是穿在人体外部的，而人体外部由不同的曲面构成，也可以说服装的造型是由不同的曲面构成的，所以，美国设计师把廓型称为“身体”。轮廓是服装给人的第一印象，与轮廓相联系的是服装的体积感，从轮廓就可以分辨出成衣厚重或轻薄的质感，这些对服装的外形和风格都将产生重要的影响。

在服装造型上，与其说是由线勾画出的形状，不如说是由面组成，如袖片、衣片、领片、裤片等。这些面构成了服装的主体，表达出不同面的特性，如女性牛仔裙多为三角形，具有活泼、稳定感；男装牛仔裤多为长方形，具有牢固、坚定和力量感，呈现出男性的阳刚特质。

在服装设计中，无论是前衣身、后衣身、拼接面、贴袋，还是通过省道或工艺手段形成的各种曲面，追求面的协调统一的设计效果是设计中的首要工作之一。面的表情是通过面的边缘线而实现的，规则的面有简洁、明快、安定的秩序感；不规则的面具有生动、活泼、随意的感觉。

面的作用是分割空间，运用线与面的变化来分割空间、构建造型，使服装产生适应人体结构的各种衣片并力求达到最佳的比例，以获得服装造型和款式设计的多样化（图4–33）。

（三）色彩的面装饰

色彩是服装设计的重要因素之一，牛仔服装通过服装色彩直接展现了人的精神风貌

图4-33　廓型、结构、装饰线形成的面装饰（作者：王梦瑶）

和审美价值。

在服装审美中，最先让人感知的是服装的色彩，服装色彩的面装饰设计需要考虑服装的具体情况，通过服装各个面的色彩组合，设计出与服装整体设计和风格相匹配的服装色彩，表现出服装的独特性格和气质，以满足消费者的审美追求，这是服装色彩设计的重要内涵。

服装色彩特点之一是其装饰性，服装色彩面的效果最强，是影响视觉的首要因素。装饰性色彩不受面料固有色彩的约束，运用形式灵活，强调色彩形式的简洁、概括，可根据消费者需求及服装的材质、款式的特点进行设计，从而达到一般自然色彩不具有的视觉效果，具有强烈的表现力。

从色彩的面装饰设计配色的目的和特征来看，色彩面装饰应既追求视觉的美感，又注重实用功能的配色设计，一般采用以下三种方法：第一，同种色配置。同种色配置即同一个色系颜色之间的配置，如牛仔的湛蓝与浅蓝、深红与浅红等。这种配色的方法容易取得明显的配色效果，或者采用同一色素的不同质地的面料进行搭配，由于面料的肌理、纹路不同，也可产生比较丰富的视觉效果。第二，邻近色配置。邻近色配置容易取得和谐统一的色调，但应注意色彩之间明度与纯度的关系，如牛仔女士套装，上衣是鲜明绿色T恤，下装是灰蓝色牛仔裙，从服装整体上来看，色彩生动而富于变化。第三，对比色配置。对比色配置应注意以下几种情况：一是对比色之间面积比例、色彩面积大小、色彩量多少，都可以改变对比效果；二是对比色之间的形状、位置及集散关系，都会增强或减弱对比的程度；三是两个相对比的颜色，在明度和纯度上要有区别，一般是面积大的色彩的明度、纯度低一些，而面积小的色彩明度、纯度高一些。例如，一款牛仔连衣裙，整款服装为牛仔蓝色，在领子、袖口和腰间配以白色，这样的色彩配置会使裙装产生一种既整体又富于变化的视觉美感（图4-34）。

图4-34　色彩的面装饰（设计师：肖倩）

（四）图案纹样的面装饰

在牛仔服装装饰设计的图案纹样中，点、线、面是构成服饰装饰图案的基本元素，它们既有各自独特的装饰个性，同时又相互联系。严格地说，图案纹样都有一定的面积，在服饰装饰中可给人不同的视觉感受。

通常把图案纹样的面分为规则与不规则两类，规则的面有一定的规律性，通过画面的分割处理，可以显示不同的节奏与秩序的美感；不规则的面排列不规范，有较大的随意性，可以使画面呈现不同的质感和肌理变化，体现不同的个性特征。

在牛仔服装装饰设计中，服饰图案设计师通过独特的创意和一定的表现手法，展现出服饰图案纹样的特定风格，设计出具有创意的服饰图案。一件成功的服装作品除了款式造型、面料的运用外，图案装饰的重要性越来越凸显。

在服饰图案纹样设计中，面的运用很广，如牛仔面料的肌理纹样设计及牛仔布印花、织花、电脑印花、手绘、扎染、激光雕刻等装饰图案纹样都是用面来表现的。这些装饰工艺图案纹样精美、细腻，往往在服装造型中成为视觉中心。

可利用装饰图案纹样强调牛仔服装的某些重点部位，如领部、胸部、肩部、袖部、腰部、腿部等，使服装的视觉效果更强烈，更具个性化的服饰文化特色。另外，在设计过程中应注重服饰装饰图案与服装造型特征、款式结构、色彩特征及服用功能的协调统一关系，否则就会失去装饰设计与服装整体设计的内在联系（图4-35）。

图4–35　图案纹样的面装饰（设计师：刘梦羽）

三　牛仔服装面装饰的运用

（一）直线形面装饰的运用

直线形的面包括长方形、正方形和三角形的面。在牛仔服装造型设计中，常把服装的各个部件视为大小、形状不同的几何面的组合，这些面按人体结构和服饰功能的需要组合起来，构成服装款式的大轮廓，然后在大轮廓内运用形式美法则处理好面的分割和比例关系，构筑完美的服饰结构。

服装面装饰设计，应首先注重服装的整体效果，在服装廓型设计确定后，再考虑服装的局部结构变化，在上述设计完成的基础上，才可以考虑服装的装饰设计，这是服装设计的基本程序。

牛仔服装的面装饰设计应由装饰图案纹样设计、装饰工艺设计和装饰造型设计三部分组成，它是对服装的整体造型和局部细节造型进行装饰，明确装饰部位、确定装饰细节、选取装饰图案和装饰材料、制定装饰工艺设计。

服装的外形轮廓和审美感受，取决于服装结构和部位之间缝接的结构线。这些结构线具有分割面和装饰的双重作用，可对这些结构线进行缉线、绣花、流苏等装饰，或者直接对局部结构如领部、肩部、前胸、后背、袖部、口袋造型、裤面等部位进行图案纹样装饰。

服装的外形线，通过不同比例和形状的搭配，使外形轮廓具有典型特征，部位配置比例协调、装饰图案纹样选择与服装整体设计相适应，才能获得完整生动的款式造型。

图4-36是一系列直线形面装饰设计的女式牛仔服装，服装采用色块拼接的蓝灰色柔软薄型牛仔面料，廓型简洁明快，款式舒展合体。上衣配有金色刺绣，在肩部、前身处利用线条分割，形成一个有序的面装饰变化，宽松牛仔裤和上装构筑了休闲装整体的完美结构形态。

图4-37的牛仔女装的面装饰，则完全依靠服装廓型内款式结构的精细变化，即在对

图4-36 牛仔女装的面装饰1（设计师：杨茅玲）

图4-37

图4–37　牛仔女装的面装饰2（设计师：朱颖）

人体结构充分把握的基础上，通过分割线准确裁剪，依靠精美的造型和面料和谐的色彩及质感，体现出服装干练的气质和整体的美感。

（二）曲线形面装饰的运用

曲线形的面包括圆形面和椭圆形面。曲线形面装饰设计在牛仔服装中应用较多，如女装中的牛仔圆摆裙、吊带背心、泡袖衫及圆形领、插肩袖、弧线型衣摆等服装的装饰处理等，多采用曲线形面装饰工艺手段增强装饰效果。

以图4–38中牛仔服装曲线形面装饰设计为例，其装饰手法包括：领、肩、前襟采用铆钉镶边装饰，薄型丝质牛仔面料设计的抹胸连衣裙，富有立体感的抹胸和印花裙色彩高雅和谐，曲线形的铆钉装饰与蕾丝背心装饰形成一体，突出了女性身体曲线的美感，达到了精巧别致的艺术效果。整套服装的廓型设计、结构设计和装饰设计形成一个协调统一的整体，格调高雅、效果别致，同时保留了牛仔服装自由、奔放、随意的风格特征。

图4–39为一款曲线形面装饰设计的女式牛仔休闲服。服装选用浅蓝色水洗牛仔面料，上衣米白色拼接的非对称驳领、插肩袖和弧形袖口及短裤口袋均采用了曲线形面装饰设计技巧，设计师充分利用了不同色彩和质地面料进行搭配，使简约的服装结构呈现出更丰富的韵律。

图4-38　牛仔服装曲线形面装饰

图4-39　曲线形面装饰女式牛仔休闲服

（三）随意形面装饰的运用

随意形的面包括不规则的直线形面和不规则的曲线形面。在牛仔服装造型中，不规则直线形面的特征是活泼、明快、丰富而外露，不规则曲线形面的特征是可表达个性和情感的形态，充满随意而奇特的装饰效果。

不规则直线形面在服装造型中一般以图案和装饰手段构成，在整体的服装设计中发挥提高审美性和强化款式造型的作用。

不规则曲线形面设计回避规则几何形状，采取自然状态，有时还采用多种不规则体产生不规则感。例如，在服装造型中经常采用的面料折叠结构，即对面料进行一定折叠，既有装饰效果又不影响结构；或者额外添加几何图形，即不把夸张的几何结构作为服装必须部分，仅作为一种装饰手法进行艺术处理，使服装造型更加丰富，特别是使女装设计装饰效果更突出。在图4-40牛仔长裙造型设计中，长裙采用立体剪裁结构设计，重点突出时装的优雅、华丽的格调，材料选择质感较好的高档牛仔面料，不规则的曲线裙摆与椭圆的腰际线相呼应，尽显超凡脱俗、富有装饰的美感。

在图4-41中，该款牛仔裙选用黑色丝光牛仔面料，追求简练的设计效果，无袖、肩部较窄，腰部结构宽松，不规则的裙摆设计，利用面料的折叠和面料正反两面的色彩变化，使裙装具有丰富的层次感。

图4-40　不规则曲线形面装饰设计

图4-41　随意形面装饰设计

第四节　点、线、面装饰的综合运用

点、线、面是牛仔服装装饰设计的基本元素，通过点、线、面的组合、分割、排列等艺术处理，并选择合适的装饰图案、装饰材料和装饰技术等手段，形成与服装整体设计协调统一的服装装饰。

牛仔服装装饰艺术的核心是表现服装优美的外部形态，这就要求设计师从文化传统中汲取艺术营养，从大自然和生活中捕捉美的事物，并加以研究利用和创新发展，形成新的形态化的牛仔服装装饰元素。

在牛仔服装装饰设计中经常选用点、线、面设计要素，但如果处理不当，往往会出现两种偏向：一种是所选的装饰图案、装饰材料或采用的装饰技术与整体服装设计的款式结构或色彩不协调，使装饰设计产生生硬感，影响服装的整体美；另一种是装饰设计虽然适应服装整体造型的需要，却忽视了装饰艺术的完整性，使整个服装有装饰不完整的欠缺感。为避免这两种偏差，在进行装饰设计时，要特别注意点、线、面的综合利用，注意装饰素材的选择和设计，在形式的比例、空间和造型的安排上，要符合服装整体设计的需求，并以此为基础，强化服装的装饰美。

在图4-42中，该款牛仔男装在装饰设计中综合利用了点、线、面装饰设计的基本要素并与服装设计形成了一个有机和谐的整体。堆领、外搭、喇叭形衣袖和窄腿裤等充分发挥了面装饰的装饰效果，领口、前襟、衣摆、裤口袋等处则运用线迹装饰，使服装的结构更加清晰和优美，羊毛毡装饰则成为整套服装的视觉中心。

在图4-43中，该款牛仔服装综合采用点、线、面装饰。在面装饰方面充分利用牛仔面料固有的风格和特点，羊毛毡大翻领、圆形的肩部剪裁、弧形的廓型处理，充分体现了白色牛仔男装的爽朗和大气；线装饰则增加了服装的时尚感，使其华美而现代。

图4-42　点、线、面综合运用牛仔服装1（设计师：蔡芸帆）

图4-43　点、线、面综合运用牛仔服装2（设计师：蔡芸帆）

第五节　牛仔服装装饰设计的形式美构成

牛仔服装装饰设计的形式美构成，主要体现在服装装饰图案纹样的构成、装饰材料的选择、装饰工艺的精确加工及装饰设计与服装整体的协调统一等几个方面。要处理好装饰设计要素之间的相互关系，必须依靠形式美的基本规律和法则，使装饰设计和服装设计形成一个和谐统一的整体。

牛仔服装装饰设计注重形式的美、外在的美，强调形式的表现，点、线、面是构成牛仔服装装饰设计的基本要素，而装饰设计中的变化与统一、比例关系、节奏的重复、平衡的方法等才是构成服装装饰美的重要因素。

一 装饰设计的变化与统一

变化和统一是一切事物变化客观反映的基本规律，只有把这种变化规律运用到服装装饰设计中，才能赋予牛仔服装强烈的装饰设计美感。

同时，变化和统一具有对立和相互依存的特性。若装饰设计一味地追求变化，整个设计就会杂乱无章；若过分地强调统一，也会使设计呆板毫无生气。只有在装饰设计中把变化和统一有机地结合起来，在变化中求统一，在统一中求变化，才能获得生动的装饰效果。

牛仔服装装饰设计的变化与统一主要体现在装饰设计要素（图案、材料、工艺）与整体服装设计的协调性等方面。

在牛仔服装造型中含有各种对比因素，均可以称为变化，如装饰图案纹样的大小、形状、内容、色彩及装饰材料、装饰工艺、装饰部位等都是变化的因素。但是这些变化因素并不是平均运用到某一款服装上，而是在与服装整体设计的结构、材料、色彩和风格统一的前提下运用，应根据每款服装有重点地选择装饰要素运用在服装装饰设计上。

在图4-44中，该系列服装运用了丰富的装饰设计手段，充满了变化和统一的关系。服装运用了点、线、面的多种变化因素，且这些变化不是孤立的，而是运用在服装的不同装饰部位。牛仔同纱、蕾丝拼接设计的合体结构突出了女性的干练和洒脱，构成了牛仔服装的不同装饰面。从服装的整体装饰效果来看，装饰图案、色彩、装饰手法和技巧等各种对比因素得到有效控制，与服装造型、材料选择和色彩搭配等服装整体设计要素相匹配，呈现出既富变化又概括统一的装饰效果。

牛仔服装装饰设计上的变化和统一体现在不同形状、方向、主次、动静等变化因素上，体现为装饰手段的多样化，通过某种装饰手法的丰富变化来取得满意的装饰效果（如上衣的拼接设计），也可以把多种装饰手法用概括统一的办法进行处理，使整体的装饰效果达到协调统一（如牛仔裤的洗白、机缝线等）。

图4-44　变化统一的装饰效果（设计师：柴晓玉）

二 装饰设计的比例与平衡美

（一）比例

牛仔服装装饰图案纹样及装饰部件形状大小比例的选择与安排对装饰设计的完整性和审美性影响很大，同时也制约着服装整体的设计美和风格。

装饰设计的比例美重点反映在以下两个方面：一是装饰图案纹样设计的结构与装饰部位结构的比例是否协调，如装饰衣领、袖口、前胸、裙摆、裤脚等不同结构部位，图案纹样的结构必须与装饰部位结构比例协调一致；二是装饰图案纹样或装饰手段的装饰面积与装饰部位面积的比例关系要协调统一，如贴布绣的大小形状与被装饰部位位置的大小形状比例等。

服装美学中常用黄金分割比例，但并不是所有牛仔服装装饰设计中都采用黄金分割比例。在装饰设计实践中，往往利用夸大或缩小比例关系来突出服装的装饰效果，得到美化和个性化的装饰效果，在牛仔服装装饰设计中，这种方法更突出一些。如图4-45所示，这款男式牛仔裤采用了低腰、大裆、宽腿的结构设计，大形裤袋装饰在裤面，设计者夸大了裤裆结构和裤袋在裤腿中所占的位置和比例，产生一种新颖、奇特、个性化的装饰效果。如图4-46所示牛仔裤的破洞装饰，两条裤腿中大面积、不成比例的破洞设计同样显示出服饰的个性化。

（二）对称

在牛仔服装装饰设计中，处理平衡的方法一般有两种形式：对称和均衡。

图4-45　德国牛仔品牌NO/FAITH STUDIOS个性化的牛仔裤

图4-46　不成比例的破洞设计

对称是利用相同形状、大小、材质的装饰图案纹样或装饰手法，以装饰部件的点线为中心，相对排列组合，形成对称感，可以产生一种有规律性的秩序美，使被装饰服装呈现安定、大方、平稳的氛围和气质。

对称分为绝对对称和相对对称两种。绝对对称是指把装饰纹样对折后绝对吻合；相对对称是指对折后装饰纹样95%吻合，还有部分不吻合，但是这部分变化并不影响装饰的对称性。

图4-47是一系列对称装饰设计的牛仔服装，衣服以成衣化的设计显现出真实自然、平和流畅的曲线之美。在主体对称的基础上进行局部的分解构成，整体服装注重剪裁来体现设计师的设计构思。

图4-47　牛仔服装中的对称设计（设计师：闫一瑞）

图4-48是相对对称设计的撞色牛仔服装设计，裤腿、衣袖采用夸张的设计，抹胸上有相对对称的褶皱进行装饰，同一色彩明度上的灰色与绿色进行搭配，辅以统一的带、扣装饰，使牛仔服装更加生动而富有灵气。

图4-48　撞色牛仔服装设计（设计师：张悦）

（三）均衡

装饰设计的均衡是指装饰后的牛仔服装，在整体设计或局部设计的上下、左右的视觉和心理感受上具有稳定感。处于均衡状态的牛仔服装给人舒适、宁静、愉悦的装饰美感。

均衡原理在牛仔服装装饰设计中经常被采用，设计师为了获得别致的设计效果和满足消费者个性化的需求，常采用不对称的装饰设计。例如，利用不同色彩、不同肌理纹样的面料组合来达到均衡效果的拼接设计；利用纽扣、拉链的不同造型、不同排列组合来达到均衡效果的组合设计；采用破洞、拉毛、刺绣等装饰手段的不同形状、大小、位置的设计来达到均衡设计等，以上方法和手段经常被运用。

采用均衡方法装饰设计，应首先抓住牛仔服装主体的平衡、结构的平衡、色彩的平衡、部件的平衡等关键环节，在此基础上进行装饰设计创意构思。

图4-49是一组运用均衡法装饰设计的牛仔服装，均采用了水洗牛仔面料，在整体服装结构上，既平衡了服装主体，又体现了牛仔服装风格特征。其中，休闲牛仔裙有多种设计，与同色牛仔衫搭配，使系列服装更加清秀灵动。通过同色彩和线状装饰使服装呈现自然的均衡，局部洗白装饰，使简单的造型得到充实，同时也起到很好的平衡作用。

图4-49　均衡法装饰牛仔服装设计（设计师：邓海月）

三 装饰设计的节奏与旋律

在牛仔服装装饰设计中，不同的图案纹样、装饰材料和装饰技巧的运用能使人产生类似音乐的节奏与旋律的美感。

在装饰艺术中，节奏和旋律多表现为空间形式和视觉特征，是一种有秩序、反复运动的形式，能够产生强烈的艺术感染力和视觉冲击力。在牛仔服装装饰设计中，为加强装饰设计艺术美，往往采用节奏和旋律的形式美方法，使装饰设计产生更强的艺术感染力。

节奏和旋律在服装装饰设计中的表现形式可分为有规律节奏、无规律节奏、等级性节奏、辐射式节奏等类型，装饰设计可以单独运用节奏和旋律，也可以混合运用，以表现装饰效果的韵律美。

（一）有规律节奏

有规律节奏也叫机械性重复，在牛仔服装装饰设计中运用同一种图案纹样或同一装饰手段的连续重复，有规律的重复便形成了有规律的节奏。例如，一种双缉线装饰纹样在牛仔上有规律地反复运用，形成条状装饰，使整款服装呈现出庄重、严谨的感觉（图4-50）。

图4-50 有规律节奏装饰设计（设计师：徐如晨）

（二）无规律节奏

无规律节奏也称为无规律重复，是指装饰元素重复的间距有一定的变化，距离的差异性给人的视觉带来动感的节奏和旋律，使整套服装呈现出新颖、活泼、奔放的运动感（图4-51）。

图4-51 无规律节奏装饰设计（设计师：徐如晨）

（三）等级性节奏

等级性节奏也称层次渐变重复，指装饰元素按等比或等差的方式渐变，带给人柔和适度的美感。运用等级性节奏的装饰方法，如服装从上至下或者从左至右将元素逐渐增多或减少，可以产生一种节奏美感（图4-52）。

图4-52　等级性节奏装饰设计（设计师：蔡芸帆）

（四）辐射式节奏

服装上的装饰节奏呈放射性节奏感，牛仔服装上的装饰、色彩、结构都可以成为辐射的元素，辐射式节奏装饰可以使人产生韵律、自由、律动的节奏感觉（图4-53）。

图4-53　辐射式节奏装饰设计（设计师：王梦瑶）

四 装饰设计的对比与调和

在牛仔服装装饰设计中，装饰元素与服装设计元素或两个以上不同装饰元素并置会产生材料、色彩、形状、大小、长短、位置等对比关系，对比使双方鲜明地展示出自己的特征，增强了视觉的张力和冲击力。

牛仔服装装饰设计往往运用众多对比因素进行设计，使设计在对比中产生变化，在变化中获得新的创意构思，打破刻板和单调，充分展示装饰设计艺术的丰富性和创造性。

调和是对装饰设计中的强烈对比因素进行协调统一，使其趋向缓和，在对比因素中强调主体，弱化次要内容，使整个服装装饰设计达到协调统一。

（一）对比的表现形式

造型方面的对比，有装饰与服装各部位的大小对比、轻重对比、粗细对比、疏密对比、凹凸对比等对比关系。

构图方面的对比，有虚实对比、方向对比、空间对比等对比关系，即装饰设计的图案纹样与服装款式结构的对比、装饰部位的对比、装饰方向的对比等。装饰图案纹样在服装整体设计构图中的对比关系直接影响服装的装饰效果。

色彩方面的对比，装饰图案和装饰材料的色彩与面料色彩间有明度对比、纯度对比、色相对比关系，其中以色相对比变化最为丰富，装饰设计的色彩变化给人的视觉感受最强。

牛仔服装的装饰设计运用各种对比因素产生变化，丰富和活跃了装饰的效果，但是对比运用必须适度，而且必须调和控制，使其达到协调和统一。

（二）调和的表现形式

调和的表现形式主要是强与弱的表现，在牛仔服装装饰设计中强调装饰的主体、弱化次要内容是普遍采用的形式原则。

强调装饰设计的主体就是把服装最有特色的部分强调出来，通过装饰设计的美化，使服装更加生动。但是服装装饰的主体不能过多，需要调和弱化次要部分。

在装饰设计要素上要处理好主与次的关系，无论是图案、色彩、材料、装饰技艺都要使用对比调和的原则，获得与服装整体设计风格统一的效果，一般可通过以对比求调和或以调和求对比两种方法达到整体的协调统一。

五 装饰设计形式美的现代化表达

牛仔服装作为全球普及率最高、消费层面最广的服装产品，必然与服装的流行和艺术潮流的变化息息相关。

从100多年前牛仔裤的诞生，到100多年后牛仔服装的时尚流行，创新始终伴随着牛仔服装，演绎着现代的时尚。

在经济全球化的今天，牛仔服装产业和其他产业一样面临着激烈的市场竞争，如何创新，使牛仔服装装饰设计既能满足广大消费者个性化的需求，又能展示牛仔服装自由、奔放的文化魅力，是牛仔服装装饰设计的一项重要任务。

现代牛仔服装装饰设计创意的核心是以人为本的设计，更注重人的心理感受和情感的表达，服装的实用功能被深化，把精神和物质需求紧密结合在一起的服装设计理念就是牛仔服装装饰设计形式美现代化表达的依据和出发点。

牛仔服装装饰设计形式美现代化有以下几种表现。

（一）追求装饰设计的简约化

在现代化的社会生活中，人们充分地享受了经济高速发展所带来的物质生活的极大丰富，同时也深深地感受到激烈的社会竞争和繁忙紧张的生活节奏及生活环境恶化给人类带来的压力。因此，人们在生理和心理上渴望和追求简约的生活方式。

同样，人们对服装装饰的追求，也不再局限于对服饰外在华丽效果的需求，而是倾向于与服装的简约风格相适应，能充分和谐地展现出服装的简约风格和艺术美感。

牛仔服装款式的构成与装饰结合在一起，决定着服装结构的变化，简约单纯、舒适自然、功能灵动是目前牛仔服装装饰设计发展的主流。

简约化风格的牛仔服装自从在服装界兴起就一直引领着时尚潮流。简约风格牛仔服装的设计手法，不仅追求服装“简而美”和“单纯而不简单”的设计理念，而且在简约的结构中融入诸多精致的细节处理，加之丰富多彩的牛仔面料和现代装饰材料的运用，使牛仔服装在整体的简约设计中透出时尚气息。这种特征决定了牛仔服装设计精品化和高档化的时装方向。

（二）追求装饰设计的抽象性

牛仔服装的装饰设计是一种形式美的表达，主要通过装饰图案纹样、装饰材料和装饰技艺等表现人对服装的审美需求。随着社会现代化的发展，现代派的抽象艺术在服装装饰设计领域得到广泛的应用和发展，它完全打破了艺术原来强调主题写实再现的局限，对装饰艺术基本要素进行抽象的组合重构，创造出抽象的形式，突破了艺术必须具有可以辨认的形象的樊篱，开创了装饰艺术新的发展领域。

抽象的服装装饰设计追求平面和二维空间的装饰效果，注重点、线、面的变化和色彩的高度提纯，为牛仔服装装饰艺术激发了新的创作灵感。不再必须把具象的图案纹样缝制在服装上，而是可以采取更加灵活多样的抽象艺术形式来装饰服装，使之形成一种新颖的艺术风格。

（三）追求装饰设计的个性化

牛仔服装消费者是一个庞大而复杂的群体，不同的消费者对服装的功能性需求和审美价值的判断不同，牛仔服装装饰设计的任务是引领和满足消费者对服装的多元化需求。

在重视现代生活方式的时代潮流中，人的个性表达和对不同生活方式及生活品位的追求，使消费者对牛仔服装装饰风格的选择越来越个性化。服装的装饰设计也不再局限于服装本身，而是介入消费者心理需求和生活态度进行全面设计。

现代装饰设计风格的牛仔服装，极简的款式、单纯的色彩、精致的装饰处理，为满足消费者多元化的需求提供了可能，也使牛仔服装呈现多样化的发展趋势。时装、礼服、生活装、休闲装等众多品种百花齐放，不同性别、职业、年龄结构的消费者都可在现代装饰风格的牛仔服装中找到符合自己需求的服装。

（四）追求装饰设计的生态化

回归休闲、健康、安全的绿色生活时尚，简约的消费理念、节约资源、减少生态环境污染是环保服饰文化的主要文化特征。生态化服装设计风格追求简约、简洁和与自然和生态环境的和谐，体现以人为本的设计理念，考虑服装的生态环保，体现人性化设计，使着装者舒适、安全、美观。

相对于传统的牛仔服装装饰设计，生态化牛仔服装装饰设计在要求服装满足人类对服装的功能与审美需求之外，同时更加重视服装及装饰材料的环保性能。

随着人们对生态环境和身体健康的重视，世界各国相继制定了关于服装产品的生态环保法律和法规并制定了相关的检验标准，这些标准和法规成为服装市场准入的“通行证”。生态化牛仔服装对服装材料、辅料、配件及所有装饰材料的生态性均有严格要求，在装饰设计时必须采用符合相关生态环境标准的装饰材料和装饰技术。

（五）追求装饰设计的民族化

牛仔服装能够在时尚流行的大潮中屹立100多年，跨越年龄、性别、区域、民族、职业等制约，至今依然受到人们的钟爱，这与牛仔服装的民族化息息相关。

在经济全球化的今天，民族服饰文化已经成为民族文化的外化表达方式和民族精神的重要载体。

我们正处于世界经济国际化、一体化时代，受到“回归自然”和追求“绿色生态”生活理念的影响，消费者追求具有鲜明民族文化特征的牛仔服饰文化创意产品成为一种时尚潮流，这种消费发展趋势将极大地促进我国牛仔服饰产业的民族化进程。

牛仔服装装饰设计的民族化不仅可以满足我国广大消费者对民族文化品牌牛仔服装产品的迫切需求，同时也向世界展示了中华民族服饰文明绚烂多姿的美学意蕴和独具个性的文化风采，构建中华文化品牌，为我国牛仔服装产业参与国际市场竞争创造了更加有利的条件。

六 牛仔服装装饰的色彩配置

（一）装饰色彩的特性

任何类型的色彩表现方式，从色彩配置角度而言其基本原理是一致的，如色调感、整体和谐感、色彩三要素、色彩的面积与均衡作用等。因此，所谓装饰色彩的特点，是指有别于写实色彩的效果而对色彩形式原理有所侧重的运用方式。

1. 装饰色彩的情感和个性化表达

现代牛仔服装设计的发展趋势为人们对服装的追求不仅关注产品的品质，同时更加注重服装的审美和个性化需求，其中色彩是一个重要因素。

色彩作为牛仔服装装饰设计的重要组成部分，具有美化与象征的特点。

在牛仔服装装饰设计中，首先形成视觉刺激并且创造气氛的是色彩而不是形，色彩在服装装饰艺术中占有主导地位，装饰设计都是以具有色彩美感作为基本要求和追求目标的，透过装饰设计的色彩可以向人们传达独特的情感，彰显穿着者独特的个人魅力。

装饰设计的色彩美就其应用形式而言，是直接装饰和美化服装，美化与象征成了装饰色彩区别于写实性色彩的基本特点。

因此，装饰色彩的运用直接关系到服装整体设计的情感和个性化表达，必须对牛仔服装装饰色彩的配置给予足够的重视。

2. 装饰色彩和谐统一的运用原则

服装的装饰色彩与其他色彩的最大区别在于它与面料的肌理结构和色彩紧密联系在一起，两者色彩的不同配置、不同色调，所创造的艺术气氛也不同。牛仔服装的装饰色彩设计要求更加强调色彩的张力、表现力和色彩与服装整体的协调统一。

色彩的和谐性，即要求装饰设计的色彩选择符合人的视觉美感和精神境界的需求，通过装饰色彩的搭配实现色彩的合理运用，从而增强与服装整体配置的和谐性。

色彩的统一性，是指在装饰色彩的运用上要体现出整体性，注重色彩的抽象表达和面料重构所创造的全新审美效果。

（二）比例美的配色原理

色彩比例是指装饰色彩与服装整体及服装装饰部件色彩的均衡性和对比性。

无论是部分与部分还是局部与整体，都将直接影响服装色彩配置的和谐统一，其关键在于掌握装饰图案纹样与面料质地色彩面积比例的数量关系是否协调，只有在这种比例关系使色彩的布局合理而且均衡，并且在视觉上产生均衡安定感时，才能称这种装饰具有色彩美。

在牛仔服装装饰设计过程中，会遇到面料、装饰图案、装饰材料等的色彩明暗、纯度强弱、色彩冷暖及色彩面积、形状、大小、位置等多种复杂的关系，这些都是影响服装装饰设计色彩均衡的基本因素，当这些因素发生变化时必将影响服装装饰设计的色彩均衡状态。

1. 色彩对称均衡

服装一般为左右对称的款式，若在这种款式上能使装饰色彩的强弱、轻重、形状、大小等因素达到均衡状态，就能在视觉和感受上取得绝对均衡感，这种均衡称为对称均衡。

在图4-54中，女式系列牛仔裙运用的是色彩对称均衡的装饰设计手法，服装款式基本一致，仅在领部、肩部、衣袖、裙摆等部位稍作调整，细节部位的拉链、腰带、配饰采用了不同形状、不同大小的搭配组合，使服装呈现青春靓丽、简洁大气的视觉效果。

图4-55是一组色彩对称均衡配置的学生牛仔装设计图，每一款服装都采用了对称的结构设计，均采用水洗面料，无论是双缉线、纽扣装饰的牛仔衫，还是双缉线、纽扣装饰的牛仔裙及阔袖宽松的牛仔外装，每一款服装都在装饰设计上给人一种色彩均衡、明快、平稳的视觉感受。

图4-54　色彩对称均衡状态下注重细节装饰（设计师：张鑫慧）

图4-55　色彩对称均衡学生牛仔装（设计师：丁昕）

2. 色彩不对称均衡

色彩不对称均衡是指服装中轴线两侧或上下及装饰部位的色彩配置不对称，但在视觉和心理感受上有平衡的感觉。这种色彩不对称均衡设计，要求设计师运用面料色彩和装饰色彩的明度、色相、纯度、面积、形状、位置等影响色彩配置的要素进行充分合理的配置设计，使其在不对称的色彩配置下产生一种均衡对称的感受。

图4–56是一组色彩不对称均衡牛仔套装设计，服装以牛仔面料同薄型白色珠光纱组合，款式上多采用解构的方法进行处理。虽然外套和裙装色彩配置处于不对称状态，但因色彩配置合适，在视觉和心理感受上有协调统一的平衡感。牛仔面料经过石洗处理具有了类似图案纹样的效果，在色彩的明度、纯度上进行了巧妙的布局，起到了重要的色彩平衡作用。

图4–56　色彩不对称均衡牛仔套装设计（设计师：张思迪）

3.装饰色彩的节奏与关联

牛仔服装装饰设计色彩的节奏极为常见，如装饰设计中铆钉、纽扣、蕾丝、镶边、拉毛、破洞等装饰手法的有规律的重复都可以形成节奏。

在牛仔服装装饰配色设计上一般有三种节奏：

一是通过色彩重点重复产生节奏。如图4–57所示，在系列牛仔服装的设计中，对装饰图案色彩进行重复处理，使其出现在每件服装的腰、裙身、裙摆等处，获得协调和丰富的效果，整体系列活泼而有节奏。

二是色彩层次的节奏。服装装饰设计元素的色彩层次表现在服装的空间感和距离感方面，层次的色彩关系均需依靠色彩的明度、纯度、冷暖等色彩对比关系进行配色。在图4–58中，牛仔服装装饰色彩的层次节奏是运用条形面料色相有序排列产生的，构成的元素虽然比较单纯，但通过严谨的结构和精致的剪裁，使服装具有了英姿飒爽的效果。

三是色彩单调重点重复节奏。强的节奏感可以通过单调的重复增加视觉次数来实现。

在图4–59中，系列牛仔服装色调统一，通过服装上蝴蝶结的重复，产生强烈、复杂、变化丰富的节奏，使服装上的装饰产生立体的效果，从而增加服装的趣味性和观赏性。

图4–57　色彩重点重复装饰设计（设计师：程美芬）

图4–58　色彩层次节奏装饰设计（设计师：郭泽宇）

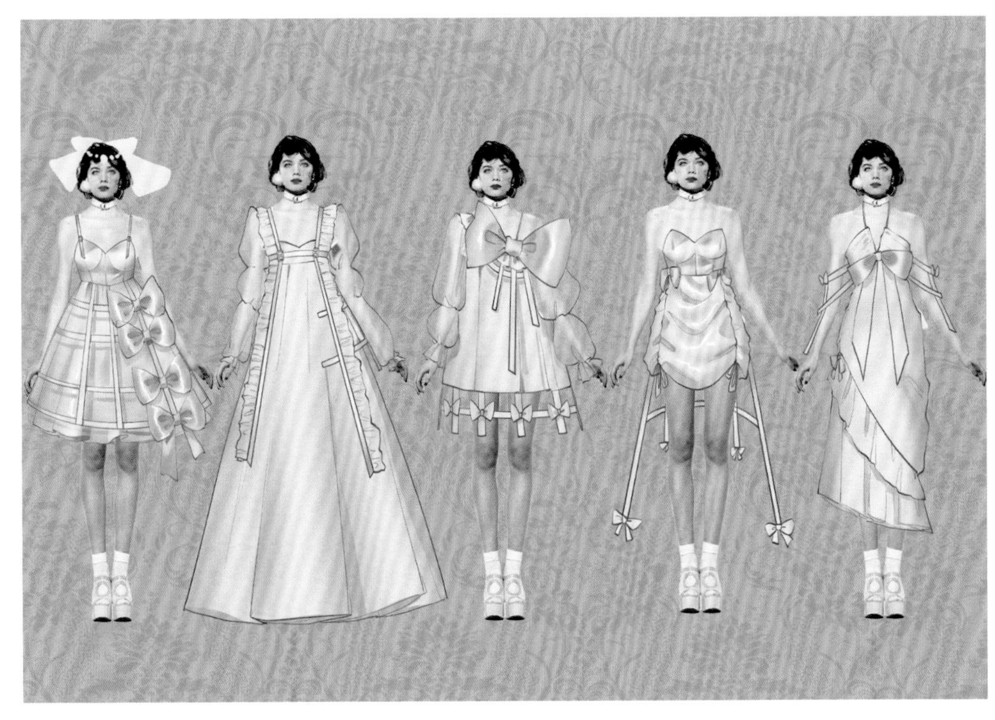

图4-59　色彩单调重点重复装饰设计（设计师：尚雨婷）

4.装饰色彩的呼应与关联

牛仔服装装饰色彩应注意装饰图案的形、色与装饰部位的形、色的呼应与对比。

呼应是针对对比的一种表现手段，它使服装色彩的表现更加生动、整体而富于变化。对服装整体设计而言，服装任何部位的色彩都不是孤立存在的，而是相互联系、相互影响、相互渗透的统一整体。

在牛仔服装装饰设计配色中，呼应是使服装色彩协调统一的有效方法。服装装饰主要给人以形式的美感，装饰图案纹样与服装造型各部位色彩关系是否得当，均要以呼应与关联的形式来衡量。呼应与关联的过程也是总体衡量和调整色彩配置合理性的过程，只有通过比较、衡量、调整才能使服装整体的色彩设计协调统一。

5.装饰色彩的调整

牛仔服装装饰色彩配置设计的最后阶段是调节、调整。

调整装饰色彩与服装色彩之间的平衡，是装饰色彩配置的关键环节。装饰色彩的调整包括装饰色彩的强调、装饰色彩的单纯、装饰色彩的间隔、装饰色彩的情调四方面内容。

（1）装饰色彩的强调。色彩的强调也称为点缀，装饰色彩的强调是指牛仔服装装饰设计配色时，用较小面积的强烈而醒目的装饰设计色彩，调整服装配色的单调性和审美性。在强调装饰色彩时，要求装饰面积要小、强调色要少，并且不破坏服装整体色彩配置的协调与统一。

装饰色彩的强调作用是强调装饰部位的吸引力，在牛仔服装装饰设计中往往运用在领、袖、肩、腰、口袋、腰头、裤腿等部位，或其他款式服装最吸引注意力的部位，强调美感的表现，多起到衬托服装整体美的艺术效果。

因此，每套服装装饰色彩的点缀不宜过多，多则乱，会冲淡注意力，反而影响了服装的装饰艺术效果。

（2）装饰色彩的单纯。色彩单纯化的原理即统一整体的色彩。

牛仔服装装饰设计的配色不宜过多，主要色彩的数量越少越好，其配色一般采用同一色系中的同种色或邻近色，为避免单调，可加上适度的点缀色，在统一中求变化，或充分利用面料的肌理、服饰配件的色彩予以丰富。

采用单纯原理的装饰配色，使服装表现出简洁、明快、个性鲜明的色彩美。

（3）装饰色彩的间隔。若服装装饰的色彩与服装面料的色彩对比过于强烈或过于相似，会使服装的装饰色彩产生雷同、软弱或缺乏活力、毫无生气的不和谐状态。

在装饰设计中一般采用嵌入“分离色”的办法进行处理，即在各色之间嵌入其他色彩，分离的作用是强调色的强度，使原来的配色产生新的色彩魅力。在牛仔装饰设计中，不同色彩面料的拼接设计、不同色彩的条纹装饰、间隔色彩装饰等的巧妙应用，都会产生富有魅力的色彩效果。

（4）装饰色彩的情调。牛仔服装装饰色彩的情调是指运用不同色相和配色技巧来表现装饰设计主题的重要特征，使人能充分体验到其独特的美感。当今牛仔服装时尚潮流以装饰的色彩性格和面料和谐为特点，这种特点构成了当代牛仔服装装饰设计的最新格局。

牛仔服装装饰色彩情调的选择，是服装整体色彩配置的重要组成部分，应与服装设计的主题、款式造型、面料肌理的结构及色彩等因素进行综合考虑。装饰设计的色彩不是为装饰而装饰，而是通过装饰突出服装的美，使之更受人注目、更完美。

牛仔服装装饰的色彩在不同的服装面料中表达的情调也有所不同。传统的纯棉斜纹牛仔布，其湛蓝的色彩始终蕴涵着独立、自由、豪迈的精神；采用不同洗水工艺处理的牛仔服装，每一种工艺方法都会使牛仔面料产生不同的色彩变化，并且形成一种新的装饰色彩情调。例如，牛仔服装采用石洗及磨漂工艺处理，面料颜色变浅，表面出现白色绒毛，呈现粗犷美效果；采用“雪花洗”工艺处理的牛仔服装，布面则会出现不规则的白色云纹，产生一种更富有自然美的装饰色彩情调。

牛仔服装装饰色彩的设计是在选择的面料性格的基础上进行的，如水洗面料的粗犷、传统斜纹面料的质朴、精纺面料的细腻、薄型面料的轻柔、混纺面料的多样性等。装饰色彩的情调设计要充分运用这些面料性格，只有把装饰色彩的情调与面料性格融为一体，才是好的装饰色彩设计。

思考题：

1. 牛仔服装装饰语言中的点、线、面如何应用？

2. 牛仔服装装饰设计中的形式美构成有哪些？

第五章

分类牛仔服装的装饰设计

随着100多年的流行，牛仔服装从简单粗放的牛仔裤发展成为具有前卫意识和平民精神的牛仔服装系列产品。

随着社会经济和科学技术的发展及促进，牛仔服装的面料、颜色、款式、制作工艺和装饰手法等都发生了很大变化。如今，牛仔服饰的产品种类呈现“百花争艳”的局面，从牛仔裤、时装、休闲装、运动装到童装，形成了一个品种丰富、价位齐全、老少皆宜并充满活力的服饰品类，显示出了其他服装品类无法比拟的特性和魅力。

装饰设计是牛仔服装保持旺盛生命力和强劲诱惑力的重要因素之一。在牛仔服装流行过程中，受到生活领域和文化地域特定审美趋向和行动的影响和驱动，牛仔服饰文化形成了多元化、艺术化、民族化、平民化的发展格局。在百余年的岁月之中，牛仔服装装饰的图案纹样、材料、技术、装饰手法等日新月异，极大地丰富了各类消费者的消费需求和审美需求。

第一节　牛仔时装的装饰设计

20世纪50年代，随着全球经济、文化的复苏，牛仔服装在全球流行起来，特别是美国牛仔文化和好莱坞西部牛仔电影一起风靡了欧洲及亚洲。在这种风潮的影响下，牛仔服装成为年青一代追求时髦的新宠。这个时期，欧洲许多著名时装设计大师和知名的服装品牌也相继推出了牛仔时装设计作品，牛仔服装不仅是朴素工装的代名词，也开始进入了新颖而富有时代感的时装领域。

牛仔时装的设计，使牛仔服装的款式结构更加丰富多彩，其设计完全采用新的高科技开发的牛仔面料、辅料和工艺，强调装饰和配套的完整性，在款式、造型、色彩、纹样、缀饰等方面不断创新，具有前卫性、流行性、时尚性特点，成为新颖入时的流行服装。

牛仔时装可以分为普通流行牛仔时装和高级牛仔时装两种类型。

普通流行牛仔时装，是指具有新颖的创意并被广大消费者接受的牛仔服装，销量较大、流行性广的牛仔服装都可以称为普通流行牛仔时装，如牛仔裤、上衣、衬衫、牛仔裙、男女套装等。

这类牛仔服装装饰设计的特点是要求具有鲜明的现代时尚感，应结合国际流行的趋势和市场的消费需求，满足目标消费市场消费者的审美水平和生活情趣，在服装功能和服装整体风格协调一致的基础上有所创新。设计师在创新装饰设计时应表达出一种服饰文化的品格，以文化与时装的融合来反映消费者的审美理念。

高级牛仔时装，是指由著名设计师设计，选用高档的牛仔面料、辅料和装饰材料，经过精工制作而成的时装。高级牛仔时装往往是名牌或知名品牌的牛仔时装，具有量少、质高、价贵、专营或专卖、高消费等特点。

一 牛仔时装装饰风格的发展趋势

社会经济和文化的发展影响并决定着牛仔服装装饰设计风格的形成和发展趋势。现代牛仔时装装饰设计主要依据现代生态经济社会的生产力发展水平、现代科学技术、文化发展状态和人类对审美理念的追求。

在这种社会文化条件下，牛仔时装装饰设计风格的流行趋势将成为社会经济和文化生活的一种必然反映。其设计的理念应与当今经济社会的生活理念高度契合，要求突破固有的奢华繁复的风格束缚，强调以人为本的设计理念，关注服装功能性、生态性、审美性的结合，力争以简约明快和生态环保的表现形式满足人们对绿色生活方式的本能需求，要求装饰设计能赋予牛仔时装更多的文化品位和时代气息，这也成为现代牛仔时装装饰设计风格的重要表达形式。

自20世纪80年代以来，在全世界掀起了一场声势浩大、影响深远的生态革命，它对世界社会经济的发展和人类的生产模式、生活方式、消费理念都造成了巨大的冲击。因此，在牛仔时装装饰设计上形成生态、休闲、个性化的设计时尚，更加注重装饰风格与民族文化的融合和与现代科技的结合，这种消费导向将成为现代牛仔时装装饰设计的主要发展趋向。

（一）装饰风格与民族文化的融合与创新

牛仔时装装饰风格的形成、流行、发展与市场有着良性互动的关联性。市场具有引领时尚、引导消费的功能，而服装风格所代表的社会文化理念是服装设计的灵魂、市场开拓的前沿，同时也是把握消费者内心需求和拓展消费市场的基石，只有做到牛仔时装装饰风格和市场的辩证统一，才能赢得市场的先机。

在流行过程中，牛仔时装的装饰艺术风格始终受到世界各国、各民族传统文化的影响，追寻与民族文化艺术的融合、从传统文化中汲取牛仔时装装饰艺术的创新灵感，是消费市场的需求，也是服装设计师和牛仔服装生产企业可持续发展的必由之路（图5-1）。

图5-1　装饰风格与藏族元素的融合（设计师：高颖莉）

20世纪70年代，牛仔服装进入我国，经过几十年的发展，我国已成为世界牛仔服装生产、消费、出口的第一大国，但是却缺少具有自己民族文化特色的牛仔服装品牌。国内中、高档牛仔服装市场大部分被国外知名品牌所占据，为抢占我国的市场，国外品牌深入研究开发富有中华民族文化内涵的牛仔服装产品，这种对市场的高度敏锐性应该唤起我们对国内牛仔时装的重视，同时也是我国牛仔服装产业开拓国际市场时应该认真学习研究和总结的地方。

21世纪，是中华民族伟大复兴的时代，随着文化自信、文化自觉意识的增强，具有中华民族文化创意的牛仔时装的消费时代已来临，牛仔时装装饰的民族化是构建中华牛仔服装民族品牌的关键环节。

牛仔服装装饰风格与民族文化的融合与创新，是在继承基础上的创新。我国有5000多年的历史文明，充满了“万国衣冠拜冕旒”的时尚辉煌，造就了中华民族璀璨多姿的服饰文化，是人类服饰文化的宝库，同时也是我国牛仔服装装饰艺术进行创意设计的源泉。

服饰文化作为社会文化的外化载体，是民族文化的重要标志。我国牛仔时装的装饰创意设计必须以彰显中华民族文化为灵魂，构筑牛仔时装品牌的中华文化底蕴和鲜明个性，没有灵魂的设计是没有生命力的，也难以发展壮大。

在经济全球化时代，牛仔时装的装饰设计必须把民族文化元素与现代时尚元素相融合，形成在继承基础上的创新，在坚守中华民族本源文化的同时不断汲取其他优秀文化资源，以多元、多样的民族文化引领牛仔时装的装饰创作，这是满足牛仔服装消费市场多样化需求的重要工作。

在经济、文化全球化的大背景下，不同消费者对牛仔服装风格的需求不同，单一的文化内涵和装饰设计无法满足消费者多元化的需求，所以，在牛仔服装产业，引进、吸收、消化国际先进的设计技术和设计理念开展装饰设计是开拓市场的一种有效方法。

（二）装饰设计与科技的结合

随着现代纺织科技的发展，为了提高牛仔面料的服用性能和满足时尚消费的需求，在继承原有风格的基础上取得了许多优秀的研究成果，牛仔面料向着品种多元化、色彩丰富化、用途多样化方向发展。棉、麻、毛、丝等天然牛仔面料和新型合成纤维材料的牛仔面料都得到了很大的发展，面料的肌理和色彩的多样化风格特征可以满足不同消费者的个性化需求，具有柔滑、挺括、细腻、柔软、轻薄、透气风格的各种牛仔面料为牛仔时装设计奠定了坚实的物质基础。

服装艺术与科学技术相结合是现代服装设计的大方向，牛仔时装装饰设计的发展始终与纺织科学技术的发展密切相关，每一种新的面料、辅料、装饰材料、加工技术、装饰技术的创新，都可能影响牛仔服装装饰艺术，使其产生重大变化，甚至是革命性的巨变。例如，自蓝色粗斜纹牛仔裤传入欧洲后，法国Francois Girbaud首创了石磨洗牛仔方法，其后产生了一系列牛仔服装水洗加工工艺，使牛仔服装的装饰风格和装饰技巧都发生了重大变革。

图5-2　装饰与科技的结合（设计师：邹嘉熙）

现代科技已进入信息化时代，电脑设计、彩绘、电脑绣花、电脑印花、激光雕刻等新技术在牛仔时装装饰设计中得到广泛应用。这些信息化技术给牛仔服装装饰设计带来极大变化，不仅能为装饰图案纹样真实准确地制出模拟图，而且为其他信息化技术的应用提供了便利，电脑绣花、电脑印花、激光雕刻等装饰技术为牛仔时装装饰设计的个性化、多样化、规模化、集成化创造了有利的条件（图5-2）。

当今，生态环保科技是世界经济发展的重点，倡导牛仔服装的绿色设计是企业和设计师在21世纪的首要任务，在产品设计时应考虑到产品的原料、辅料、配件、加工工艺、装饰工艺与生态和环境的关系及标准要求，要求牛仔服装原料、辅料、配件均符合《生态纺织品技术标准》，满足工艺生产环境友好、加工生产过程的资源和能源消耗少、三废排放少等生态环保要求。经济发达国家相继颁布了一系列生态纺织品标准，我国是牛仔服装出口的第一大国，但每年均有相当数量的牛仔服饰产品因不符合相关标准被退货，因此，重视牛仔服装产业的生态环保建设、贯彻绿色设计的产业发展方向是我国牛仔服装产业发展的一项重要任务。

二　牛仔时装装饰设计的特点

（一）设计风格多样化

现代普通流行牛仔时装的设计风格呈现多样化发展，设计中既有表达粗犷坚毅风格的男装，也有柔美性感的淑女装，同时各种款式的牛仔服装也在向着时装化和个性化方向发展。

目前，牛仔时装的主流款式是紧身和宽松两种板型。男紧身款式讲究表达男性的干练和精明，女紧身款式更能突出女性的曲线美，宽松款式则表达出着装者的潇洒和个性美。

牛仔时装装饰设计的要点是具有鲜明的时代感，能够体现国际流行趋势并且满足国内外消费者的审美需求，融合现代人追求自然生态的绿色生活理念，在满足功能需求的基础上进行装饰艺术创新，具体表现在以下几个方面。

1.面料再造驱动装饰风格多样化

牛仔面料是牛仔时装设计的物质基础，随着新型牛仔面料的不断更新，面料的质地、肌理、纹样、色彩更加丰富多彩，利用牛仔面料再造装饰风格设计的影响力依然强劲。

在牛仔时装装饰设计方法上，设计师更侧重于利用面料的肌理变化和结构设计来表达服装的本质特征。无论是利用面料的不同肌理特性，还是选择不同的花式图案纹样，或者通过结构款式变化及拼接、折叠、滚边、镶嵌等装饰技巧进行处理，都将使牛仔时装装饰艺术的内容和范围得到更大的发展空间。

除面料再造以外，牛仔成衣再造装饰成为现代牛仔时装装饰风格多样化的重要手段，水洗、磨砂、拉毛、破洞、猫须、彩绘、激光雕塑等牛仔成衣装饰技巧，或者传统装饰方法如刺绣、珠绣、贴绣、镶嵌、铆钉、流苏、蕾丝等装饰手段，每一种牛仔成衣再造装饰技巧的应用都使牛仔时装装饰设计的技巧更加丰富，装饰的效果更加时尚。

面料肌理的再造装饰技术的运用比传统面料更加时尚和现代，无论是牛仔时装、牛仔裤、外套、夹克、套装、女式牛仔裙，或者是宽松休闲的生活装、运动装，牛仔面料再造技术的运用都能带来一股清新的视觉感受，其在装饰手法上更加考究，采用不同肌理质地面料重组、不同颜色的拼接组合，成为牛仔时装装饰设计打造牛仔新风格的基础。

同时，面料再造装饰技术也为牛仔时装的时尚设计创造了丰富的素材。牛仔时装在风格上倡导简约，简约并不是单纯的简单、简化，相反，在简约的造型设计中蕴含着精心的装饰设计构思和精巧的款式构成，体现了装饰设计艺术更高层次的创作境界。

因此，牛仔时装重视人体与廓型的协调关系，更注重对服装整体的把握和对细节的精确设计，使服装的整体特征呈现出简约大方、自然亲切、清新朴素的自然生态美感。

在款式设计上以服装的基本款为主进行款式变化，更加注重装饰细节的精致设计，在装饰的细节设计上要求高度的明确和集中，这对装饰设计与服装整体性设计的协调统一提出了更高的要求，特别是对各种肌理结构牛仔面料的运用，成为现代牛仔时装装饰风格设计的基本法则之一。

面料再造装饰在解构主义风格的牛仔时装装饰设计中应用更为普遍，主要通过对服装面料的重组和以新的创意再造来塑造形体。在分解和重组的过程中，把原有服装裁剪结构分解，对款式、材料、色彩进行改造，融入新的设计元素，形成新的组合。在装饰设计方面可通过服装的分割线、省道、拼接、伸展、折叠、再造等手法构建全新的服装款式和造型，表现出随意性、非常规性的特点（图5-3）。

2.装饰设计精细化

由于人们对牛仔时装的要求日益趋新、趋变，传统的装饰手法已远远不能满足现代人们的审美需求，于是人们便在纹样的肌理质感上大做文章，以求获得更加新奇的装饰效果。

目前，通过肌理图案进行装饰的牛仔服装所占的比重越来越大，肌理图案的形式也从原来的面料肌理变化延伸到对图形的肌理处理。以式样简单的牛仔衬衫为例，近几年流行的款式更多的是通过串、绣、烫钻、抽褶等多种装饰工艺的变化来营造丰富的具有层次感的肌理效果，产生了完全不同于传统意义上的平面装饰的效果。

图5-3　面料的多样化（设计师：张梅）

在一些流行牛仔时装设计中，也常能看到各种充满肌理变化的装饰图案，如类似编织袋的编结、金属装饰材质的应用，钩花、挑花、刺绣，牛仔裤、裙装上的皱缩缝，棉、麻、丝织物上的贴绣、绗缝等，丰富的肌理变化及浮雕般的立体装饰效果令服装魅力倍增。

此外，手绘、蜡染、扎染、激光雕塑、电脑印花等装饰工艺也被广泛地应用于牛仔时装装饰中。

肌理图案丰富的肌理、材质变化以及浮雕般的立体效果使图案一改传统的面貌，将牛仔时装形的变化与质感的变化和细腻的色彩变化巧妙地融为一体（图5-4）。

图5-4　装饰设计精细化（设计师：崔安妮）

（二）材料选择生态化

流行牛仔时装的材料包括服装的面料、辅料和装饰材料，其中，辅料包括里料、衬料、垫料、填充料、缝纫线、纽扣、拉链、钩环、绳带、商标、使用明示牌及号型尺码带等；装饰材料包括图案色彩染料、装饰材料（铆钉、皮牌、绣线、贴花、蕾丝、流苏、拼接料等）、装饰工艺材料（彩印染料、金属配件、珠绣、缉线等）。

流行牛仔时装材料的选择，要根据不同产品的要求，从大量备选的原料、辅料和装饰材料中选择符合产品性能要求、审美要求和生态要求的材料。

牛仔时装原辅料和装饰材料的选择，通常是在产品设计初期决定的，原辅料的选择基本上决定了产品的性能、成本、生态、环境等核心要素，同样，装饰设计与服装设计作为一个整体，若装饰材料选择不当也将对产品的绿色设计产生重要的影响，如我国出口欧美等国的牛仔服装产品就多次因装饰材料和配件不符合欧盟生态纺织品标准被退货。

在选择材料的方法上，传统的服装装饰材料选择方法有依据设计经验的选择法、试选法、筛选法、价值分析法等。

这些传统的选择方法，一般情况下都可以满足设计的要求，但是对于采用绿色设计的牛仔时装产品的装饰设计而言还需进一步完善，在装饰材料选择过程中还应考虑以下因素：①牛仔时装的面料、辅料、装饰材料应符合相关生态纺织品技术标准要求；②原辅料生产过程的生态环境；③服装加工生产过程和所采用的装饰加工工艺对生态环境的影响；④原料和辅料及装饰材料的生态指标要求的细化分类；⑤原辅料和装饰材料使用后废弃的回收处理问题。

牛仔时装面料可分为成品服装制作面料和成品仿自然旧处理两种类型。现在制作牛仔时装的面料不仅有传统牛仔服装的厚实斜纹和平纹面料，还有许多新型的薄型及针织型面料，常用的环保牛仔服装面料有天然棉纤维面料、有机棉织物面料、彩色有机棉面料、麻棉面料、天丝面料、氨纶弹力面料、竹节面料、棉涤面料、丝光面料等。

一般认为天然棉、麻、丝的牛仔面料就是环保牛仔服装面料，这种认识是不够全面的，因为我们即使采用天然面料做牛仔服装，但在原料的生产、印染、加工、后整理、装饰等工艺过程中也会受到污染。所以，在牛仔时装绿色设计中对原辅料与装饰材料的选择，应充分考虑生态环境对原辅料和装饰材料的影响因素，所选择的原辅料与装饰材料要符合国家标准的要求，出口产品应符合出口国家生态纺织品技术要求（图5-5）。

图5-5 材料选择生态化（作者：陈昱呈）

（三）装饰设计减量化

流行性牛仔时装装饰设计的减量化，包括装饰风格的自然流畅简洁和服装结构的简约化设计相匹配。

这种减量化的装饰设计要求设计师尽量用非物质化的装饰艺术创意来减少对装饰物质材料的使用。在满足消费的功能和审美需求前提下，用创意设计提供的减量化装饰设计是牛仔时装装饰设计的一个重要设计思路。

流行性牛仔时装在设计上更加强调人的整体着装状态，把服装的功能性、审美性作为设计的中心环节，通过简约的款式结构、清新而生动的装饰组合，来满足消费者对物质生活和精神生活的需求，所以，在装饰设计中应关注以下几点设计理念。

1.重视装饰设计与服装整体设计的协调性和细节优化设计

在牛仔时装装饰设计中应遵从“简单中见丰富、纯粹中见典雅”的设计理念，删除过多繁复的装饰环节，保留精华细节设计，以求用精练的装饰设计语汇表达出对服装整体性设计概念。

只有当把牛仔时装的装饰细节设计与服装整体设计相匹配，并且优化至精华时，牛仔时装装饰设计的技巧和审美性才会得到升华。

2.倡导简洁、单纯、富有创意的装饰造型和装饰技巧

减量化的装饰设计就是要弃繁从简，用最精巧的图案纹样设计、最少的装饰材料，以及高度概括的简约设计理念来展示无限的创意，以获得装饰设计本质元素的充分表达，实现“少即多”的装饰设计创意理念。其中，包括与牛仔时装的款式结构、材料、色彩等物质化要素的协调统一的设计处理和非物质化设计内涵，从而赋予牛仔时装简约、实用、高雅的时代气息（图5-6）。

图5-6　装饰设计减量化（设计师：刘樱）

3.充分利用牛仔面料固有风格特点设计

传统牛仔布一般采用的是右斜纹，质地较厚，现已发展到有斜纹、缎纹、平纹、提花、格子花纹等牛仔布，质地也出现薄型、轻型、丝光、印花等。这些质地多样、肌理丰富、花色多样、层次感强的牛仔面料，为牛仔时装装饰设计的丰富多样化创造了有利条件。例如，采用同一款牛仔面料的不同方向位置的布局或不同肌理面料的拼接等装饰手法会得到不同的视觉装饰效果，特别是对牛仔面料的再造和成品牛仔通过水洗、破洞、拉毛、印花、激光雕刻等各种不同后整理装饰技术的应用，为流行牛仔时装的现代化时尚装饰手法提供了更广阔的天地。

（四）经典的靛蓝与色彩纷呈并举

流行牛仔时装装饰设计的审美价值在很大程度上受服装色彩的影响，装饰设计反映人们对生活美的追求，它是通过牛仔时装的美，去认知世界和展示美的感受。装饰的色彩设计是牛仔时装设计要素中重要的组成部分。

流行牛仔时装的色彩设计，以各种风格的牛仔面料为素材，运用造型形式美法则和服装色彩设计理论来塑造完整的服装色彩形象。

在流行牛仔时装的色彩设计中，传统的靛蓝色仍然是主色调，这种宽阔空灵、给人无限遐想的色彩，象征着美国西部牛仔热烈奔放的历史特色和返璞归真的心灵感悟。靛蓝色成为牛仔服装永恒的主题。

随着现代纺织科技的发展，大量新型面料不断涌现，新的织造技术和面料装饰处理技术在牛仔服装生产中得到广泛的应用，经过水洗、打磨、洗白等装饰技术处理可以表达出丰富的色彩层次变化，使牛仔时装的色彩更加丰富多彩，极大地丰富和扩展了设计

图5-7 靛蓝色与其他色彩的搭配（设计师：李欣桐）

师对牛仔时装装饰设计需要表达的形式和内容。

近年来，牛仔时装的色彩变化更加五彩缤纷，由深蓝到浅蓝色调、由黑到浅灰色调，以及白、绿、红等颜色的牛仔产品都有出现，极大地丰富了牛仔服装的色彩体系。

个性化流行的色彩，使牛仔服装的个性更加鲜明，牛仔时装的装饰色彩更注重对利用牛仔面料正反面色差的拼接设计，或用不同质地、不同色彩的面料进行搭配设计表达不同的牛仔风格和魅力。例如，牛仔面料与牛筋面料、精梳面料、超薄面料搭配，牛仔面料与皮革、皮草、绸缎、薄纱等面料搭配（图5-7）。

三 流行牛仔时装装饰设计范例解析

自20世纪70年代起牛仔服装形成了全球性流行的潮流，许多世界著名服装设计师和知名服装品牌的牛仔服装设计作品，进一步推动了牛仔时装的流行和发展。这些设计大师的牛仔时装设计作品往往带有鲜明的艺术风格，如德国极简主义设计师吉尔·桑德，美国极简奢华风格设计师卡尔文·克莱恩、唐娜·凯伦，意大利设计师乔治·阿玛尼、皮尔·卡丹，以及解构主义设计师三宅一生、生态概念设计师马丁·马吉拉等都对牛仔时装装饰艺术的发展作出了重要贡献。

（一）极简主义牛仔时装装饰设计作品解析

吉尔·桑德是20世纪极简主义风格时装设计的代表人物，这种风格在牛仔时装设计中表现得更加鲜明而纯粹，遵从“简单中见丰富，纯粹中见典雅”和“少即多”的设计理念。

图5-8所示为吉尔·桑德品牌2023加州棕榈树系列时装设计作品。该系列推出了背心、短袖T恤、衬衫等单品，服装廓型呈现自然状态，强调肩线和腰部的表达，款式设计简洁明快，舍弃了繁复的装饰细节，充分利用面料的肌理结构，配以棕榈树剪影图案装饰，使服装更具设计美感，绿色系高级棉麻牛仔面料体现了牛仔时装设计发展的新趋势。

吉尔·桑德在装饰设计方面崇尚一切就简，完全舍弃了女性装饰常用的刺绣、蕾丝、流苏等装饰手段，经常通过在领、袖、腰、门襟、下摆等处的造型变化或通过不同色彩面料的拼接、打褶、卷边、缉线等进行装饰，一般在装饰设计中仅选用其中一两种装饰处理手法（图5-9）。该款2023秋冬时装选用高档牛仔丝绒面料，黑白相间的长裙衬托着牛仔的柔和，飘逸的外套以夸张的元素勾勒出自然的风格，虽然简单，但却简约生动。

意大利设计师乔治·阿玛尼的流行牛仔时装设计作品在保持简约风格的基础上，带有中性化色彩，服装细节的表现更加丰富，服装精心地从男装元素中选取并经改造使其转化为适合女性审美的设计，在造型、款式、色彩和装饰图案等方面体现出女性英姿飒爽的性格。

图5-10所示为阿玛尼弹力棉牛仔系列，采用牛仔棉压褶的处理，配以阔腿裤，舒适合体，手感柔软。在结构设计上，设计者舍弃了收省、收腰、高腰节、曲线处理等传统设计手法，通过服装外部廓型及领部、肩部、门襟的男性化审美特征的设计，使服装具有女装男性化的特征，增添了女性利落和帅气的气质，适合日常穿搭。

图5-8　吉尔·桑德牛仔套装

图5-9　吉尔·桑德牛仔服装

图5-10　阿玛尼弹力棉牛仔系列

图5-11所示为阿玛尼的GA全丹宁系列，从夹克、风衣到衬衫、短裤和简洁长裤套装，随性搭配，适合各类场合，廓型柔和，形态纤细修长，富有个性。其设计作品在简约风格中融入了街头文化元素，塑造出华丽气派而又干练精明的女性形象；服装款式注重廓型结构、款式设计简洁，以传统牛仔蓝为主色调，通过不同工艺和不同部位的水洗处理，使服装造型更富有层次感，运用点、线、面装饰手法的巧妙搭配设计来表现每套服装的独特魅力。

20世纪90年代，在牛仔服装发源地的美国，极简主义牛仔时装盛行，其中具有代表性的设计师有唐娜·凯伦、卡尔文·克莱恩等。

美国设计师在倡导简约设计的同时，设计的手法多样化，更多关注服装的可穿性和流行性牛仔时装的设计，色彩不再局限于牛仔蓝，而是采用了更多高科技的牛仔面料，款式造型线条简洁流畅、色彩淡雅朴素，装饰具有浪漫的简约奢华感，在整体的简约设计中透出流行牛仔时装的现代时尚气息。

图5-12是唐娜·凯伦设计的牛仔连衣裙，廓型呈H型结构，款式简洁而单纯，面料

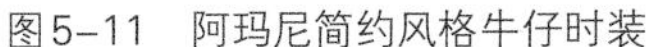

图5-11 阿玛尼简约风格牛仔时装

图5-12 唐娜·凯伦设计牛仔连衣裙

采用几何图案的棉麻牛仔面料。连衣裙的重点在于领、袖、腰、裙摆的设计，通过精准的剪裁和领、裙摆的卷边及腰部的打褶造型变化来实现设计师的巧妙构思，圆顺、服帖的领型与肩线的表达和谐一体，运用腰带装饰提高腰线的设计，从整体上拉高了人的身体比例，丰富了腰部的视觉效果。设计师把服装的装饰设计与服装的整体设计实现了融合和优化，使作品的设计技巧和审美性得到升华。

（二）解构主义风格在牛仔时装设计中的拓展

流行牛仔时装解构主义风格兴起于20世纪90年代，现已发展成为具有重要影响力和市场竞争力的牛仔时装风格。

解构主义牛仔时装设计风格对传统设计观念和结构持否定的态度，以全新的设计思维对已经固定的形式和内容进行重新的构建和再创造，从而创造出一种新的服装架构和表达形式，“简单的结构，复杂的空间”是解构主义风格服装设计的核心内涵。

日本著名的解构主义服装设计师三宅一生对解构主义服装设计做出了这样的解释：“掰开、揉碎、再组合，在形成出乎意料的奇特结构的同时，又具有寻常宽泛、雍容的内涵。”这说明，解构主义风格服装放弃了对传统审美理念和结构单一化的追求，拒绝传统公认的轮廓和曲线的服装造型原理，通过改变服装结构中各部分的关联性、独立性，形成无序的结构状态。

解构主义风格牛仔时装的款式结构设计，主要通过对服装结构的重组和新的创意再造来塑造形体，在分解和重组的过程中，把原有服装裁剪结构进行分解，对款式、材料、色彩进行改造，融入新的设计元素形成新的组合，通过服装的分割线、省道、拼接、伸展、折叠、再造等手法构建全新的服装款式和造型，表现出随意性、非常规性的特点。

解构主义风格时装色彩总的趋向是采用与自然界更为接近的自然色调，牛仔蓝、大地的黑、森林的绿、天空的白、沙滩的黄等为设计师所崇尚。在配色设计上充分体现了解构和重构的设计理念和技巧，对色彩丰富、造型复杂的素材采用提取、分解、切割的配色手段，对服装色彩的色调、形状、面积进行重构和再创造，对简单的素材一般采用注入新的色彩元素来重构，使服装整体色彩更鲜明、结构更协调。

现代纺织科技生产的各种牛仔面料，极大地丰富了解构主义风格牛仔时装装饰设计的灵感和创作空间。装饰设计主要通过服装面料的色彩、质地、肌理的搭配设计或服装加工工艺中的镶嵌、拼接、绲边、绣花等来实现。

川久保玲、三宅一生、马丁·马吉拉等服装设计师倡导的解构主义理念和设计技巧，是将服装与人体合而为一，为解构主义风格牛仔时装注入了新的活力。

川久保玲的设计理念撼动了西方时装界，她为服装行业带来深刻的思考。她认为“服装是个性的表达”，虽然她设计的作品汲取了一些艺术元素，但基本上走的是概念性设计路线。

图5-13所示为川久保玲发布的解构主义风格牛仔时装裙作品。该款服装设计在造型上表现出非常规、不固定、随意性的特点，重视服装的材质和结构，采用经分割拼接而成的牛仔面料，服装结构虽然复杂，但通过简单的廓型，配以蕾丝装饰，使服装更富青春的活力。

三宅一生倡导服装的实用性。他认为“设计必须融入现实生活，否则它就变成高级时装和娱乐表演了”，其创造的“一生褶”为牛仔时装的创意设计提供了更大的发展空间。图5-14所示为三宅一生2023年新设计的流行牛仔时装，该款服装采用了对称的结构处理，重点在肩部、袖和裤缝处采用牛仔磨边的效果，采用藕粉色的色彩，运用“一生褶”独特的技术对不同色彩和纹样的牛仔面料进行处理，使服装呈现彩色的质感，彻底改变了面料的本性和色彩构成，形成一种独特的装饰功能。

21世纪，解构主义风格更加成熟。解构不仅在流行牛仔时装的款式中得到表现，在装饰设计方面，运用在牛仔面料上进行破坏性的结构处理成为时尚的新亮点，不规则地撕裂、破损、挖洞、磨毛等手法，使服装体现出无序性和未完成感，这是结构主义典型的审美观。图5-15所示为马丁·马吉拉2022春夏设计的一款牛仔时装，作品采用了解构主义的非常规设计方法，乌托邦的青年主题、全新的复古水洗牛仔，将规矩的服装呈现出别样的风情，构成一幅立体结构的画面，极具设计感。

马丁·马吉拉解构主义的设计风格对流行牛仔时装装饰风格的影响是深远的。他在2015春夏巴黎时装秀发布的“男士面料拼接牛仔裤”设计作品，当“拼接牛仔裤”出现在世界时装秀T台上，这种“拼接牛仔”便很快成为一种流行时尚，不仅被影视明星们热捧，而且被广大崇尚新潮的男女青年钟爱，让“拼接牛仔”的时尚风潮从2015年延续至今。不仅是牛仔裤，凡是牛仔产品，如牛仔衬衫、T恤、上衣、外套、裙装等，均可以采用不同质感和色彩的面料拼接设计，同时也可与褪色、磨破、撕裂、起毛、起皱、做旧等其他装饰手段联合运用。

图5-13　川久保玲设计的牛仔时装裙

图5-14　三宅一生设计的牛仔时装

图5-15　马丁·马吉拉设计的牛仔时装

四 高级牛仔时装装饰设计范例解析

高级牛仔时装是具有艺术性和引导潮流的服装，同时也是反映现代时尚的最佳园地，它反映了国际服饰流行趋势的主体方向。因此，其也决定了高级牛仔时装装饰设计的时尚性和超前性，所以，高级牛仔时装应具有一定的艺术审美价值和时尚导向性作用。

高级牛仔时装的设计可分为导向性时装、个性化时装和艺术性时装，这三种时装在装饰设计方面，根据时装设计的目的、作用和消费者的不同，应采取不同的装饰手段和装饰技巧。

（一）导向性高级牛仔时装装饰设计解析

导向性高级牛仔时装往往是时装品牌发布会的时装，是以展示性和传播性为主要目的时装设计，它代表在某一时段内牛仔时装发展的潮流和整体的发展趋势，起到引导市场和促进消费的作用。

面对中国广阔的高级牛仔时装市场，西方众多著名设计师和知名牛仔品牌纷纷推出了富有中华民族文化内涵的“中国风”产品。例如，阿玛尼2015年巴黎春夏高级定制系列时装秀发布的中国风作品。阿玛尼的设计一向以精致优雅为特色，该系列时装裙在装饰设计上，巧妙地融合了中华文化神韵，黑色的竹叶纹样蕾丝T恤，像中国画的笔墨一样挥洒自如，庄重而协调，蓝色系的丝光牛仔面料运用墨竹与梅菊图案装饰，使整套牛仔时装独具华夏民族的意蕴。

青花瓷系列是阿玛尼的另一“中国风”产品，青花是我国最具民族特色的瓷器装饰，也是我国陶瓷装饰中较早运用的方法之一。其特点之一是丰富多彩、纹样鲜艳，有中国水墨画的艺术魅力。该组时装的装饰设计正是设计师在对中华文化深入研究的基础上，运用我国最具民族特色的青花瓷装饰纹样，造型简洁明快、色彩明净素雅，蓝色花纹装饰使每一款牛仔时装都显得雅致、美观。

图5-16为阿玛尼高级定制牛仔时装，用精密切割的复杂面料制作的海洋灵感服装，除了其特有的风格外，兼具休闲与传统，注重细节，凸显服装穿着者的身份和品位。

图5-16　阿玛尼高级定制牛仔时装

图5-17是缪斯 · 玛丽（Muse Marry）牛仔礼服裙，看似硬朗的牛仔在设计师手中也能变得灵动、优雅。按照女性身材比例切割的牛仔礼服A字裙，点缀着五彩缤纷的钉珠，领部搭配随风飘舞的同色系羽毛，中和了牛仔的硬朗感觉，增强了少女的活力，产生强烈的碰撞感，交织出华丽的视觉盛宴。整体服装风格奔放、高雅、华丽、随性。

随着我国高级牛仔时装市场的日益壮大，再加上我国在世界社会经济和文化艺术领域的影响不断扩大，中华传统服饰文化逐步被国外设计师和世界知名品牌运用到主流设计中，中国红、刺绣、旗袍、龙凤、祥云、仙鹤等无疑是外国设计师对中华符号的理解。例如，世界知名品牌路易·威登2016春夏男装秀推出了中国风男装系列，设计采用了梅兰竹菊等富有东方风韵的图案纹样装饰，把中华风情与路易·威登的品牌文化有机地组合在一起。

路易·威登品牌一贯注重品牌的文化价值，2023年联名著名艺术家草间弥生推出了波点元素牛仔服装。服装上采用激光处理出波点图案，整体干净利落、简洁清爽，既帅气又随性，使平面的服装产生立体流动的韵律感，颇受年轻人喜爱（图5-18）。

图5-17　缪斯·玛丽牛仔礼服裙　　图5-18　路易·威登牛仔设计

（二）个性化高级牛仔时装装饰设计解析

个性化高级牛仔时装设计，可以从两方面考虑这种个性化的设计形式，一方面是设计师或某一品牌在长期的设计实践中所形成的比较固定的风格，在设计创意、款式、面料、色彩、装饰、加工质量、价位、营销服务等方面形成系列化的组合，同时也逐步形成了设计师的个性或品牌个性（图5-19）。

世界许多著名服装大师和知名品牌，他们设计的高级牛仔时装作品都具有鲜明的个性化特征。例如，吉尔·桑德的简约风格、乔治·阿玛尼的典雅气质、川久保玲的概念性设计、路易·威登品牌的华贵摩登等，都是在创作实践中所形成的组合配套的形式和风格。

另一方面，个性化高级牛仔时装设计是以某一个具体着装者的实际需求为出发点，设计的对象一般为社会知名人士或文艺工作者，具有鲜明的个性和艺术追求，根据着装者的个性需求和所处的时间、场合、环境的不同，对时装有不同的需求，装饰设计将根据服装整体风格的需要进行创意。因为“名人效应”的社会影响，这种个性化的高级牛仔时装有

图5–19　个性化高级牛仔时装设计（设计师：井思佳）

时会产生巨大的社会影响力。20世纪，美国牛仔文化借助好莱坞电影的影响在全球蔓延，牛仔时装深深地影响了年青的一代。马龙·白兰度（Marlon Brando）身着褪色牛仔服的帅气形象和“猫王”埃尔维斯·普雷斯利（Elvis Presley）张扬怪异的舞姿与形影不离的牛仔服形象，对牛仔时装的发展都产生了无限的吸引力（图5–20）。

近年来，政治精英、社会名流、文体明星对牛仔服装的倾心，使牛仔服装的传播和流行成为全球的时尚。同时，在牛仔文化流行的过程中，牛仔时装逐渐进入奢侈品行列，闪光刺绣、珍贵珠饰、贵重金属等装饰材料的精工细作和高档牛仔面料的结合，更能表达出女性优雅浪漫的气质和男性自由豪放的个性。

（三）艺术性高级牛仔时装装饰设计解析

艺术性高级牛仔时装是带有主题性和文化气息的牛仔时装。这种主题是设计师独自创意为表达某种文化内涵的专项设计。这种设计旨在通过创意、独特和引人注目的方式，为牛仔时装增添艺术感和个性化（图5–21）。以下是一些常见的艺术性牛仔时装装饰设计元素。

图5–20　社会名流的牛仔时尚

图5–21　牛仔个性化时装画（设计师：饶金波）

刺绣：使用绣线在牛仔服饰上进行刺绣，可以创造出各种图案、花纹和文字，增加视觉效果和纹理感。

珠片和水晶：在牛仔服饰上添加珠片、水晶或其他闪亮的装饰物，可以为其带来光泽和闪耀效果，增强时尚感和奢华感。

涂鸦和绘画：通过在牛仔服饰上进行涂鸦或绘画，可以创造出个性化的图案、图像或抽象艺术，展示个人风格和创意。

喷涂和剥色效果：使用喷涂或剥色技术在牛仔服饰上可创造出独特的颜色和纹理效果，打造时尚、前卫的外观。

刺绣贴花：将刺绣贴花或彩色织带粘贴在牛仔服饰上，可以增加视觉层次和装饰效果，营造出复古或艺术氛围。

铆钉和金属装饰：使用铆钉、金属链条或其他金属装饰物，可以为牛仔服饰带来坚固感和摩登感，展现时尚的工业风格。

剪裁和拼接：通过剪裁和拼接不同的牛仔面料或其他面料，可以创造出独特的形状、线条和图案，展示设计师的创新和审美（图5-22）。

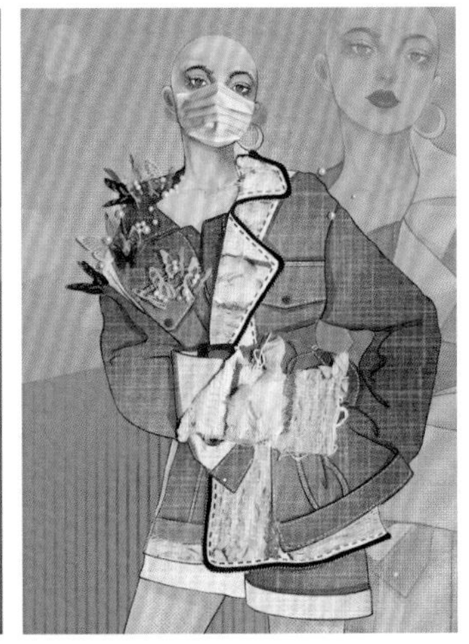

图5-22　艺术拼贴牛仔时装画（设计师：高颖莉）

这些装饰设计元素可以单独使用或结合在一起，创造出丰富多样的艺术性牛仔时装。设计师可以根据个人创意和时尚趋势来灵活运用这些元素，打造独特的时尚作品。这种设计形式主要用于参加一些时装设计比赛。参赛的主题一般由主办方确定，侧重点在于设计师的创意构思，装饰设计以围绕主题、服务于主题为主，并不过多追求装饰手段和装饰技巧（图5-23~图5-26）。

图5-23　艺术性牛仔时装设计1（设计师：张雨桐）

图5-24　艺术性牛仔时装设计2（设计师：赵雨彤）

图5-25　艺术性牛仔时装设计3（设计师：袁丽君）

图5-26　艺术性牛仔时装设计4（设计师：余琼颖）

第二节　休闲牛仔服装的装饰设计

休闲的概念在服装领域具有广义的内涵，休闲服装（Casual Wear）泛指除严谨和庄重及特殊功能服装以外的所有服装，包括生活休闲装、时尚休闲装、运动休闲装、职业休闲装等多种类型，涵盖不同年龄、性别、民族、职业的消费群体，是目前世界服装最为流行的一种时尚风格。

休闲风格牛仔服装的主要特征是强调人与自然的高度协调，追求轻松、自然、舒适的设计理念，能充分表达出着装者悠闲自在的心理感受，具有一种悠然宁静的美。这种风格服装具有较强的活动机能，同时融入现代时尚气息，对现代人的日常生活、职场工作、休闲旅游、体育活动均有较大的适应性，迎合了现代人的需求。

世界知名的服装品牌，如李维斯、李（Lee）等，都善于从大自然中汲取服装造型要素进行灵动组合设计来满足人们追求舒适休闲的心境，并创建了对世界服装风格有重大影响的休闲牛仔服装品牌。

一　休闲牛仔服装装饰设计的特点

（一）简约明快的装饰风格

休闲牛仔服装设计的特点是摒弃奢侈华丽的经典艺术传统和烦琐华贵的装饰雕琢，

而以简约、明快、清新为主要的装饰特征，使服装呈现一种单纯、质朴而又自然、亲切的美感。

休闲牛仔服装造型主要强调自然舒适的外形特点，摒弃男装廓型的夸张和女装对曲线的追求，代之以简洁适体的直线剪裁，强调服装的舒适感。

在款式设计上，休闲牛仔服装强调服装的功能性，没有过多的装饰，更多体现服装的整体感；装饰设计常用面料肌理纹样特点、面料重组、拼接和缉线等装饰手段来增强服装的装饰性和秩序感（图5-27）。

图5-27　简洁的装饰风格（设计师：刘俣玺）

（二）休闲与时尚的融合

休闲和时尚相融合是现代休闲牛仔服装发展的方向，各类生活休闲装、运动休闲装、工作休闲装等，更多地向着时尚化方向发展，成为休闲牛仔服装的重要特征。

当今的消费者在追求服饰的舒适休闲的同时，也更加关注服饰的审美性和时尚性，所以对休闲牛仔服装的品种、款式、材料、色彩和装饰设计也呈现出多样化的需求。每一种时尚风格的流行在休闲牛仔服装中都将得到体现，休闲牛仔服装的时尚传播和流行也对整个休闲服装产业的影响更加巨大而深远。

人们对休闲服装的个性化需求，无论是生活休闲装还是运动休闲装，在穿着上更多体现的是对消费的感受和对美的追求。所以，为保证休闲牛仔服装的精髓，设计师必须结合现代服饰文化的时尚内涵来展现轻松舒适的休闲品位（图5-28）。

图5-28　休闲与时尚的融合（设计师：侯子垚）

（三）追求绿色的生活模式

在牛仔服装设计领域，休闲风格不仅是一种艺术流派，更是一种社会理念和生活方式的表达。它实际上是人们对绿色生态理念的追求和绿色消费模式驱动的结果。这种生活态度和消费理念对休闲牛仔服装的流行和发展起着重要的推动作用。

20世纪80年代在全世界掀起的绿色浪潮，不仅是纺织服装产业结构的一场重要变革，同时也是绿色生活理念和绿色消费的一场革命，服装的风格选择日益成为人们对生态环保的生活态度、爱好追求和消费方式的重要特征。

随着现代工业的高速发展，人们受到资源、环境、社会的沉重压力和生活节奏加快的影响，更加渴望回归自然的本真。现代人着装的理念不再局限于对服装的功能性需求，更多的是通过服装来表达自己生态美的理念、对绿色时尚的追求和个性价值的释放，在这方面，服装风格的流行趋势起着先导性和引导性的作用。

在生态经济社会，重视生态、安全、环保的愿望是现代消费者所具有的共同特点，通过对绿色生活方式的追求，人们对服装风格的选择与生活方式就更为密切，可以说，生活决定了服装风格的价值取向。

休闲牛仔服装风格的形成、流行、发展与市场有着良性互动的关联性。市场具有引领时尚、引导消费的功能，而服装风格所代表的社会文化理念是服装设计的灵魂，也是市场开拓的前沿，还是把握消费者内心需求和拓展消费市场的基石。只有做到服装风格和市场的辩证统一，才能赢得市场先机（图5-29）。

图5-29　绿色时尚服装设计（设计师：强茸）

（四）倡导搭配时尚

服装搭配也称服装混搭。混搭更能显示牛仔服装的休闲气派，把不同风格、不同面料和不同颜色的单件休闲服装搭配在一起，已经成为一种服装时尚的潮流。

这种混搭潮流在休闲牛仔服装中是一种流行的组合方式。服装搭配主要是指在款式、颜色上相协调，整体上达到得体、大方的效果。

将原来风格截然不同的牛仔服装单品组合在一起，虽然不是创新设计，但仍须遵循一定的艺术规律，首先应为整体的服装搭配确定一个基准的风格主线，其他风格作为点缀。

在服饰搭配过程中，有主次之分、轻重之别，无论是服装、装饰、配饰等，均应围绕已确定的服装主体风格进行搭配设计，服饰搭配的色彩不宜过多，以2~3种为宜，同时注意色彩之间的过渡和呼应，使服饰在搭配中富有艺术创意的美感。

休闲牛仔服装的混搭非常普遍，这不仅是一种着装的方式，同时也是设计师和着装者共同构筑服饰美的一种外在呈现（图5-30）。

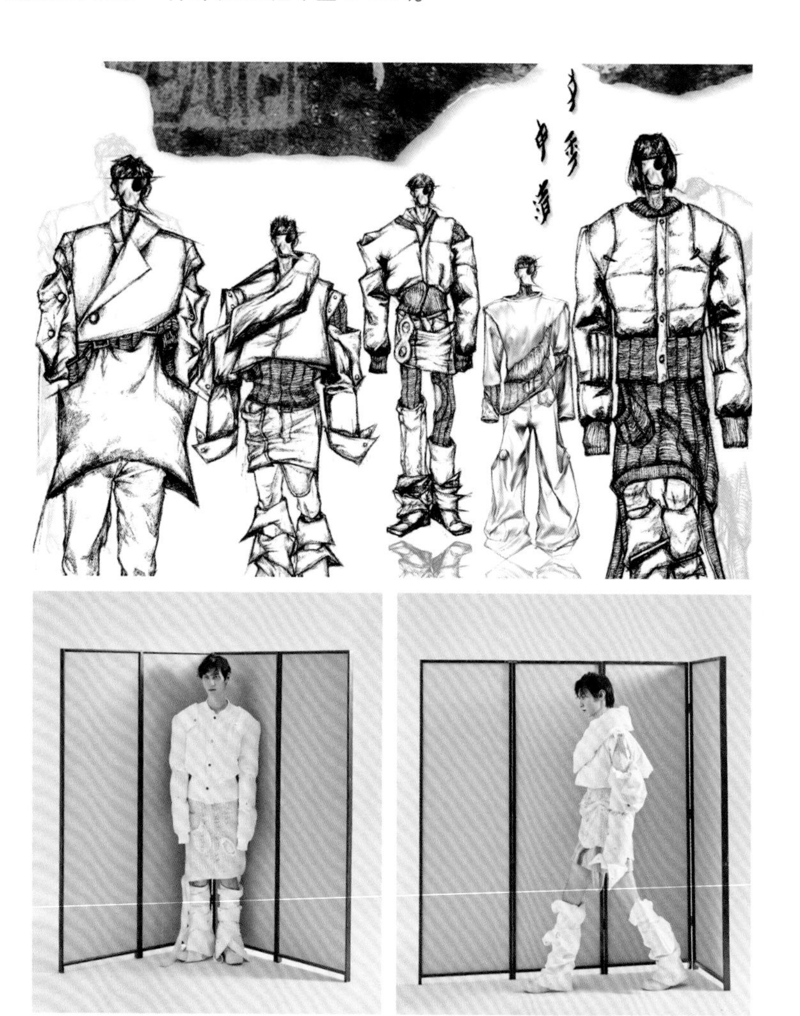

图5-30　时尚搭配男装设计（设计师：王雅洁）

二 休闲牛仔服装装饰设计解析

休闲牛仔服装发源于美国，因其经久耐用、舒服自然、易整理的特点，特别受到影视明星们的推崇，并逐渐被欧美人接受，尤其受到年轻人的推崇。

20世纪80年代以后，世界进入生态经济发展时代，追求绿色生活方式和“回归自然”的生活理念，使休闲服装成为服装发展的主流。

在近代，世界著名服装设计师和知名品牌的创意设计把休闲牛仔服装的设计水平推向一个新的高峰，并形成一种百花争艳的艺术风格特征。

（一）洒脱、庄重、优雅的阿玛尼休闲牛仔服装

阿玛尼牛仔（Armani Jeans）是意大利时尚品牌阿玛尼旗下的一个子品牌，是意大利著名设计师乔治·阿玛尼创建的以休闲牛仔服装为主打产品的品牌。该品牌专注于设计和生产时尚的牛仔服装和配饰，为消费者提供高品质、时尚的牛仔系列产品。

阿玛尼牛仔的设计风格融合了现代与经典的元素，注重剪裁和细节的处理，其产品线包括男女装牛仔裤、牛仔外套、衬衫、T恤、裙子、配饰等。阿玛尼牛仔以其高质量的面料、精湛的工艺和时尚的设计而闻名，迎合了年轻、时尚、注重品质的消费者的需求，在全球范围内享有广泛的知名度和声誉，是时尚界的重要代表之一。它的产品可在阿玛尼品牌的专卖店、高端百货商店以及在线零售渠道购买到。该品牌的主要消费对象是20~40岁的年轻时尚的消费群体，其设计风格在继承阿玛尼的简约、洒脱、庄重、典雅风格的同时，赋予服装更加个性、自由、潇洒的气质。设计者用明彰优雅、暗藏性感的表达来展现穿着者的与众不同，且将异国情调、文化对比以及新美学规则融入新设计元素中。

阿玛尼牛仔品牌的休闲牛仔服装款式结构简约舒展，精选的高档牛仔面料和高纯度的色彩有着迷人的魅力，在装饰设计上注重从传统服装装饰图案纹样中汲取精华，上色、深染以及做旧都产生非同一般的魅力和格调，精准的剪裁和缀饰展现了现代的时尚创意构思。

阿玛尼牛仔品牌的设计特点可以总结为以下几点：

简约而时尚：阿玛尼牛仔以简洁的设计和现代感著称，通常采用清晰的剪裁和线条，展现出简约、时尚的风格。

高质量的面料：阿玛尼牛仔注重选择高质量的牛仔面料，以确保舒适度和耐久性；多使用柔软、耐磨的面料，以确保服装的质感和品质。

细节的处理：阿玛尼牛仔非常注重在细节上的处理，如精致的缝线、独特的纽扣和金属装饰。这些细节增加了服装的精致感和品质感。

时尚与实用并重：阿玛尼牛仔的设计不仅追求时尚的外观，还注重实用性。它们通

常有多个实用的口袋和细节设计，为消费者提供便利性和功能性。

品牌标志的体现：阿玛尼牛仔在设计中常常体现阿玛尼品牌的标志性元素，如品牌徽标、标志性的五角星等，以彰显其独特的风格。

阿玛尼休闲牛仔女装设计没有束缚感，充分运用高档牛仔面料本身的特质，追求平实和明朗，体现出从容、舒适和女性特有的柔美气质。如图5-31所示，阿玛尼牛仔品牌在2022年服装中运用了中蓝色洗水，气球形剪裁高腰牛仔裤设计，铜饰边和黄色缝线，彰显一种大气的潇洒休闲风；女式牛仔连身中长裙采用了简洁明快的款式造型，可拆卸同色腰带，底部左侧带开衩，款式优雅而不失时尚，描绘出活泼爽朗的女孩形象。

阿玛尼牛仔的设计特点是简约、时尚、高质量和实用性的结合，旨在为消费者提供优雅、舒适且具有品味的牛仔服装。它们通常采用清晰的剪裁和流线型的设计，展现出现代感和优雅。阿玛尼牛仔服装注重细节，例如精致的缝线、独特的纽扣和标志性的金属装饰。同时，阿玛尼也注重舒适度和质感，选择高质量的牛仔面料和柔软的材质，以确保服装的舒适度和耐久性。总的来说，阿玛尼牛仔服装设计以简洁、现代和高品质为特点，成为时尚界的经典之一。

图5-31　阿玛尼休闲牛仔装

（二）追求完美的卡尔文·克莱恩休闲牛仔服装

卡尔文·克莱恩是美国设计师品牌，旗下的休闲牛仔服装品牌为Calvin Klein Jeans，崇尚简约主义风格，但它更体现出美式的实用主义原则。克莱恩认为今日的美国时尚是现代、极简、舒适、华丽、休闲又不失优雅气息，这也是卡尔文·克莱恩的设计哲学。

卡尔文·克莱恩曾说：“我觉得我的设计哲学更趋向现代主义，我会继续专注于美学——倾向于强调一种纯粹简单、轻松优雅的精神。我总是试着表现纯净、性感、优雅，而且我也努力做到风格统一。”

在卡尔文·克莱恩的休闲牛仔服装设计中基本放弃了对服装层次感、图案和装饰设计的个性化的追求。服装较大的廓型给人一种宽松、舒适的休闲感；在色彩设计上，黑、白、灰、蓝成为主色调，淡雅朴实、干练清爽；面料上选择手感柔软的牛仔面料。

卡尔文·克莱恩休闲牛仔服装品牌作为一家著名的牛仔品牌，它具有以下特点：

简约时尚：品牌以简洁、现代的设计风格而闻名。它们通常采用简单的剪裁和线条，展现出时尚而不张扬的风格。

经典牛仔元素：品牌注重传统的牛仔元素表现，如五袋设计、铆钉装饰和对比缝线等。它们保留了传统牛仔服装的经典特征，同时加入现代元素，创造出独特的风格。

高品质材料：品牌致力于使用高品质的牛仔布料，以确保舒适性和耐用性。它们选择优质的牛仔面料，并经过精细处理和染色，使服装更具质感。

标志性标识：品牌常常以醒目的方式展示标志性标识，如品牌名称或标志性的“CK”字样。这些标识通常出现在牛仔服装的纽扣、后袋或补丁上，为产品增添品牌辨识度。

多样化的款式：品牌提供丰富多样的款式选择，包括经典的牛仔裤、牛仔夹克、牛仔衬衫、牛仔连衣裙等。无论是休闲还是正式场合，消费者都能找到适合自己的款式。

卡尔文·克莱恩牛仔系列以简约时尚、经典牛仔元素和高品质材料为特点，设计风格时尚而不过分张扬，适合注重时尚细节并追求舒适感的消费者。

图5-32所示为卡尔文·克莱恩2023年丹宁极简牛仔系列，没有过多的装饰，塑造出时尚随意的线条，似乎在有意创造一种身体与空间的关系。纯粹的丹宁风释放出不羁的活力，短款牛仔外套搭配复刻90系列牛仔裤，融合极简现代设计与经典宽松廓型，露出标志性Logo腰边，衣边、裤门襟、裤袋、裤线等处均采用双缉线装饰，使服装呈现一种醒目的立体结构状态，从细微之处尽显张扬个性态度。

图5-32　卡尔文·克莱恩牛仔套装

卡尔文·卡莱恩牛仔系列品牌在款式造型上线条严谨、剪裁精良、舒适合体；在装饰设计上，利用面料的肌理和色彩变化，具有强烈的视觉冲击力，充分表现了完美简约的休闲设计风格。

（三）精致贴身的重播（Replay）休闲牛仔服装

意大利休闲牛仔服装品牌重播以另类、个性和设计富有创意著称，设计理念、技术处理、剪裁加工都做到精益求精，因其卓越品质和独创的设计风格深受全世界崇尚自然和舒适的消费者的钟爱。

重播品牌的休闲轻便服装具有独特的剪裁和装饰形式，低腰围的喇叭牛仔裤、超低裙摆的牛仔短裙、收腿的紧身牛仔裤等一系列突破创新的设计，在体现时尚、个人衣品衣貌的同时，还追求舒适贴身的穿着效果。

在装饰设计方面，重播品牌善于把富于青春时尚的元素与牛仔服装装饰相结合，重新创造出一种新的时尚潮流。例如，重播裤袋边角用橙黄色机缝线迹的闪电图形代替了铆钉，猫须延伸至侧缝，使服装在凌乱中透着诙谐与冷峻。

为了充分展示服装的个性，重播品牌对领、袖等部位的裂边和边缘采用撕开又缝合的处理方式，把新牛仔裤进行做旧装饰，流露出浓浓的古着（Vintage）气息。在品牌的牛仔服装装饰中，铆钉作为牛仔服装的设计语言，不仅可以钉在口袋的边角上，也可以整齐地簇拥在口袋边沿或组成奇特的抽象图案对服装进行装饰。铆钉不仅是中间凸起的圆点，也可将其打磨光亮或制成中空的圆钉，使其弥漫着浓郁的金属感。

重播品牌除了出色的剪裁和每年不断推陈出新的设计外，最重要的是，其产品不论是外形和感觉都令穿着者有意外的惊喜，而品牌的每件牛仔产品，自始至终都采用二十多道不同的洗涤工艺，使其拥有非凡的品质。

重播是一家著名的休闲牛仔品牌，它具有以下特点：

时尚前卫：以时尚前卫的设计风格而闻名。品牌注重创新和个性，推陈出新，为消费者带来独特而时尚的休闲牛仔服装。

突出工艺：注重细节和工艺，以确保其产品的高质量和耐久性。它们经过精心的剪裁、缝制和处理，注重贴合感和舒适度。

特殊的洗水效果：品牌的牛仔服装常常采用特殊的洗水工艺，创造出各种独特的色调、深浅和纹理效果。这些洗水效果使每件服装都具有独特的个性和时尚感。

突出个性：设计灵感来源于街头文化和时尚趋势。品牌注重个性和自由，通过独特的图案、刺绣、细节装饰等，展现出个性张扬的风格。

多样化的款式：品牌包括各种款式的牛仔裤、牛仔外套、牛仔衬衫、牛仔连衣裙等，无论是休闲日常穿搭还是时尚搭配，消费者都能找到适合自己的款式。

重播的休闲牛仔服装以时尚前卫、突出工艺和个性化设计为特点。品牌通过独特的洗水效果和细节处理，为消费者呈现出独特的时尚风格，满足他们对时尚和舒适的需求。图5-33是重播设计的休闲套装，强调合体紧身的结构，整体廓型自然随意；舒适棉质丹宁面料，结合沿衣领、口袋和下摆使用的磨损工艺，刺绣设计为点睛之笔，随性又带

图5-33　重播设计休闲牛仔套装

着甜美，将精致细节融入日常造型当中。原料采用有机棉花，服装材质柔软、色彩纯净、做旧效果明显，整套服装的搭配流露出休闲、时尚的动感。

（四）个性鲜明的吉士达（G-Star）休闲牛仔服装

吉士达品牌是1989年由荷兰籍的约斯•范•蒂尔博格（Jos Van Tilburg）创立的品牌。1992年，国际著名的德国牛仔服装设计师皮埃尔·莫赛特（Pierre Morisser）加盟吉士达，并担任首席设计师一职。皮埃尔·莫赛特在国际休闲服装设计上创意无限，为品牌服饰设计融入了不少创新的理念，并令吉士达在世界服装界建立了鲜明的品牌形象。

吉士达品牌的创新首先是对牛仔面料的创新与改造，采用了预收缩（Sanforize）的方法来处理牛仔面料，降低缩水度，解决了缩水问题，使布料定型，成为牛仔服装生产领域的一项重要突破。

吉士达品牌尊重传统但不受其限制，原始粗犷却不失时尚风格，单纯直接同时兼顾实际功能，是品牌所遵循的休闲牛仔服装产品的设计风格；在设计上，对传统牛仔服装设计有较大的突破，其鲜明的个性化设计成为吉士达品牌的经典。

吉士达品牌在装饰设计上有其独特鲜明的特点，面料经过预收缩处理，令布料更加稳定，不变形、不缩水，穿起来舒适、清爽；由于在加漂染颜料时加了绿色，故此布的颜色是蓝中带绿的。

作为牛仔制品灵魂的牛仔布，在很大程度上决定了一条牛仔裤的好坏。一匹牛仔布，从原料开始，要历经纺织成纱、靛蓝染色、织造成布、后整理等多道工序，其中棉花的等级、染料的质量以及染色、织造、洗水工艺等各个环节，都会影响牛仔布的最终成品质量。吉士达率先使用的C2C面料，更是从原料安全、资源再利用以及社会、环境公平的角度出发，在提供优质牛仔布的同时，始终兼顾环境发展，并不断引领大家加入品牌的可持续发展时尚中。其选用的深蓝色牛仔布是由于在蓝色的棉纱上再经覆染黑色染料作为经纱，与白色的纬纱一同编织成为深蓝色牛仔布。这种面料属于低密度的牛仔布，再经手擦及重石洗后，得出黑黑蓝蓝的色彩效果，同时能产生“做旧装饰”的复古味道。

吉士达作为知名的牛仔品牌，它具有以下特点：

创新设计：以创新、独特的设计而闻名。品牌致力于将传统的牛仔服装与现代的创新元素相结合，推陈出新，为消费者带来独特的时尚体验。

高质量材料：注重使用高品质的牛仔面料和材料。品牌选择耐用且经过精细处理的牛仔布料，以确保其产品的质量和舒适度。

工艺细致：注重工艺的细致和精确度。品牌服装经过精心的剪裁、缝制和处理，注重贴合感和舒适度，并采用创新的技术来提升细节的精细度。

强调个性：牛仔服装常常展现出独特的个性和时尚感。品牌注重细节装饰、特殊的剪裁和设计元素，创造出独特的风格，突出个体的个性。

可持续发展：关注可持续发展和环保意识。品牌致力于采用环保材料和生产过程，推动可持续时尚的发展，并提倡对环境的保护和社会责任。

吉士达的牛仔品牌以创新设计、高质量材料和工艺细致为特点。品牌注重个性化的风格和可持续发展，为消费者提供时尚、高品质的牛仔服装选项。荷兰著名牛仔生活方式品牌吉士达RAW于2023春夏系列中发布了彩色牛仔新产品，每件单品均采用了品牌标志性的可持续牛仔布和清新色彩。美国唱片骑士（DJ）双人组苏菲·塔克（Sophie Tucker）成为广告代言人，凸显多彩牛仔的独特魅力。该系列包括中性黄色牛仔夹克与牛仔裤、紫红色直筒牛仔裤与卫衣、亮绿色高腰阔腿裤以及猎装，配合品牌较具代表性的立体剪裁，可以称为春季缤纷时尚之首选（图5-34）。

图5-34　吉士达RAW彩色牛仔

图5-35所示为将AI的创意融合吉士达RAW工艺进行设计。日前发布了由Midjourney设计的牛仔系列，包括斗篷、外套、鞋履等单品，将数字化服装理念通过AI实现，虽然任何人都可以使用AI进行设计，但在吉士达RAW，其具有将这些设计制作成真实服装的工艺。

图5-35

图5-35　将AI的创意融合吉士达Raw工艺进行设计

（五）经典的李品牌女式休闲牛仔服装

李是美国牛仔文化的经典品牌之一。1926年，李生产出了世界第一条拉链牛仔裤，同时把“合身剪裁”作为宣传口号；1936年，李的大皮牌诞生；1949年，李将女装牛仔裤拉链移至侧缝处；1975年，李提出女装牛仔服计划，一个名为“适合女孩”的系列产品问世，展开了牛仔休闲女装市场崭新的一页。

李女式休闲牛仔服装的风格除保留了传统牛仔服装洒脱、自由、浪漫的形象外，还增加了休闲、娱乐的要素，演绎成为休闲、时髦的现代休闲服装系列。

“最贴身的牛仔”，是李的经典广告文案。一个“贴”字，将李与众不同的特点表达得淋漓尽致。

为配合女性身材裁剪的女装系列，李品牌在设计上一改传统的直线裁剪为曲线裁剪，使服装更加突出女性的身材和线条，并专为这些女性开发出一种五兜式夹克服，其代表产品是“休闲骑士”（Relaxed Rider）。曲线的牛仔迎合了女性的审美心理，这一创新可以说是服装业的一次革命，而这一创意也为李的成功奠定了基础。

李品牌牛仔服饰以其经典、耐用和合身的特点而著称，这使得品牌受到广大消费者的喜爱，并在牛仔服饰市场上占有重要地位：

历史悠久：李是一家有着悠久历史的牛仔服饰品牌，成立于1889年，其丰富的历史背景为品牌赋予了经典和传统的元素。

耐用性强：李牛仔服饰以其坚固和耐用的特性而闻名。品牌注重使用高质量的面料和工艺，以确保其牛仔服饰在使用过程中具有良好的耐久性。

剪裁合身：李牛仔服饰以其合身的剪裁而备受称赞。品牌致力于提供舒适贴合的剪裁，使穿着者感受到舒适和自信。

经典款式：李以其经典的牛仔服饰款式而受到青睐。品牌经典的设计包括直筒裤型、五袋设计和标志性的黄色线迹等，这些元素使其牛仔服饰具有独特的辨识度。

实用功能：除了时尚外，李品牌牛仔服饰也注重实用功能的设计。例如，品牌可能在牛仔裤上添加特殊口袋或细节，以增加储物空间或提供便利性。

在李品牌休闲牛仔服装装饰设计中，设计的灵感来自对传统牛仔文化精神与现代时尚的融合创新。

在材料选择上，高科技牛仔面料成为首选，色彩既传承了传统牛仔服装质朴色彩的本质，又有机地融入了现代流行色时尚；装饰创意大胆而前卫，装饰图案简洁而富有激情，成为创新和传统相结合的结晶，能表达个性的各类印花图案和面料再造表面处理的水洗、石磨、撕裂、做旧、破洞等也是常用的装饰手段；整体呈现出轻松休闲、优雅舒畅的华丽感。

图5-36是美国百年经典牛仔品牌李携手中国国产潮牌随机事件（Randomevent）共同打造的2023春夏全新合作系列，潮牌随机事件的针织设计手法，结合李的自信、随性和简约风格，使服装带有美式休闲随意风格。随机事件与李品牌经典Logo图形通过不同组合排列的形式进行合作演绎，设计出牛仔外套、连体背带裤、长袖T恤、牛仔长裤等多款日常休闲单品。服装采用了高级牛仔面料，面料的蓝色质朴而文静，没有任何多余的装饰和配饰，但在服装整体上却呈现出丰富的设计感，这也充分显示出设计师的高明之处。

图5-36　李休闲牛仔套装

第三节　牛仔裤装饰设计

一 牛仔裤装饰设计艺术的发展历程

自1873年第一条牛仔裤诞生，100多年来，牛仔裤因其具有潇洒奔放、舒适美观的独特魅力，深受消费者喜爱，成为世界最流行的服饰之一。

在牛仔裤的发展过程中，牛仔裤的装饰艺术设计为牛仔裤的普及和流行不断注入新的活力和动力，可以说牛仔裤的流行促进了牛仔服装饰艺术的发展，也可以说牛仔裤装饰艺术的创新发展促进了牛仔服装的普及和流行。

牛仔裤装饰设计艺术的发展历程，可以充分体现出这种相互促进的辩证关系。牛仔裤装饰设计艺术的发展历程可以分为以下四个阶段：

第一阶段是牛仔装饰设计的起源阶段。1873年，牛仔裤创始人李维·斯特劳斯创建的牛仔裤李维斯品牌，首先应用了金属铆钉装饰牛仔裤。1936年，美国李公司牛仔裤的大皮牌诞生，并在后裤袋加上红旗标。金属铆钉和皮牌至今仍是牛仔裤的重要标志。1939年，在李维斯的牛仔裤后袋，双拱形装饰线迹由印刷的相似图形代替，由于美国好莱坞明星和西部影片的宣传，牛仔裤在全美流行起来，成为一种现代服装的模式，装饰设计摆脱了乡土气息，增加了休闲、娱乐的要素。

第二阶段是牛仔裤装饰设计普及和流行阶段。20世纪50—60年代，牛仔裤释放出强劲的青春活力，成为青年表现自我的服饰。牛仔裤的装饰设计的风格受到嬉皮、波普、摇滚等风格的影响，在装饰上体现一种怀旧的感情。手工印染、磨破、刷白、流苏、抽褶等装饰手段都得到广泛应用。装饰图案的设计丰富多彩，不仅有传统图案，也有带迷幻色彩的嬉皮图案、充满波希米亚情调的装饰图案设计和摇滚风格的涂鸦艺术图案装饰。

第三阶段是牛仔服装装饰设计多样化蓬勃发展阶段。20世纪70—80年代，牛仔裤成为全球性流行潮流，20世纪70年代兴起的“朋克风潮”让牛仔裤转化为摇滚、叛逆、独立和自由的象征，牛仔裤成为服饰市场的主流，并进入时装设计领域。牛仔裤造型设计多样化，装饰设计、面料、色彩、后整理等新工艺、新手法更是层出不穷，特别法国首创的石磨洗牛仔方法等后处理技术所呈现的不同颜色和肌理变化，为牛仔裤的装饰设计开创了新的途径。

20世纪80年代，牛仔裤的艺术风格走向多元化、艺术化的发展道路，装饰设计的个性化、民族化方向逐渐显现，低腰、反折、水桶式、乞丐装与经典的直身、五袋、铜纽牛仔裤同时获得消费者青睐。

第四阶段是牛仔裤装饰设计的百花争艳阶段。20世纪至今，由于社会经济的进步、科学技术的发展和文化交流的畅通，牛仔裤的面料、颜色、款式、装饰手法都发生了很大的变化，极大地满足了各类不同消费者的着装需求。

现代纺织科技的发展可以生产满足各种着装需求的牛仔面料、辅料，款式结构更加丰富，有直筒型、瘦窄型、萝卜型、喇叭型等各种各样的款式，在装饰设计方面更是推陈出新，特别是面料染织技术、面料再造技术和牛仔裤后整理技术的广泛应用，使牛仔裤装饰拥有千姿百态的风貌（图5-37）。

现代社会已经进入信息化时代，大量信息化技术在牛仔裤装饰设计中的应用，如电脑设计、电脑绣花、电脑喷绘、激光洗、激光雕刻、3D打印等新技术的应用，使牛仔裤装饰设计进入了一个现代装饰艺术的新时代。

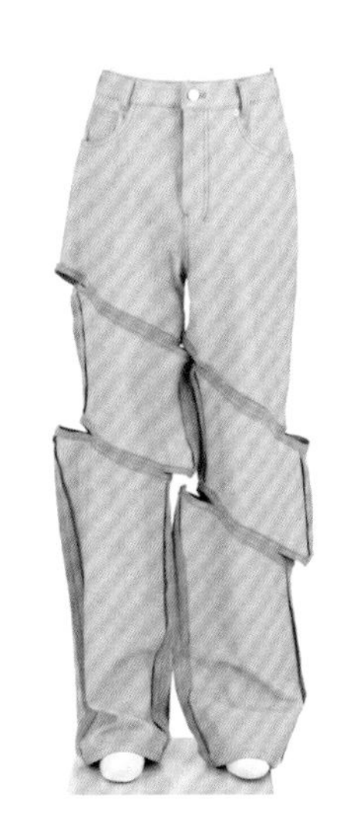
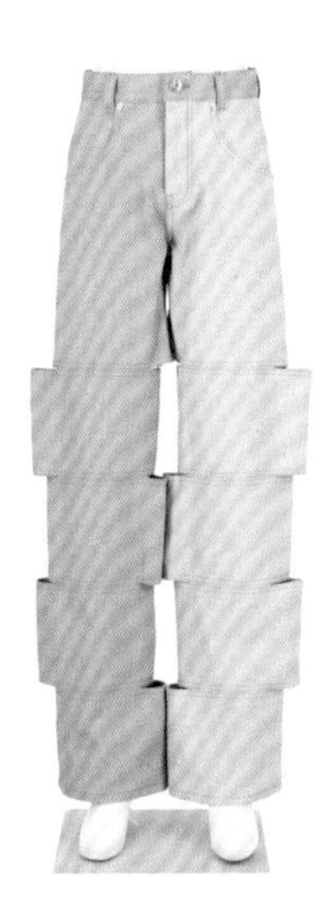

图5-37　小众品牌LEJE错位牛仔裤

二 牛仔裤装饰设计艺术的表现形式

（一）牛仔裤装饰设计的点、线、面构成

牛仔裤装饰设计美感的产生和形成，是由其最基本的构成要素——点、线、面所构成的。

1. 点装饰构成

牛仔裤点元素装饰的应用主要表现在铆钉、纽扣、珠绣、镶嵌等方面。

目前，铆钉一般常置于口袋的四角、腰部和裤线等处的装饰，并且在不同的部位所采用铆钉的色彩和样式也不同，以此表达设计的风格和独特的设计理念。同样，纽扣、珠绣、镶嵌等点装饰元素的材质、色彩、大小、装饰位置的不同，也将产生不同的装饰效果。

2. 线装饰构成

在牛仔裤装饰设计中，线装饰元素的艺术表现形式是极其丰富的，主要有剪辑线、机缝线、装饰线、风格线等，其中粗线条在牛仔裤装饰中表现了着装者的奔放豪爽性格；细线可分为结构线和装饰线，结构线分割使牛仔裤的设计凸显了空间感和秩序感，体现出人体的美；曲线装饰多用在牛仔裤的裤袋、腰头部位和面料拼接处，其中明辑线本身也可与水洗打磨等后处理工艺相结合，展现牛仔裤多样化的变化。

3. 面装饰构成

牛仔裤的面装饰是牛仔裤装饰设计的重要环节。目前，牛仔裤面装饰的手段多种多样，如刺绣、珠绣、镶嵌、染色、彩绘、拼接、蕾丝、流苏、抽须、破洞等广为应用，这些装饰手段对塑造牛仔裤不同的装饰风格发挥了重要作用。

在牛仔裤装饰设计中，首先是牛仔面料的选择，面装饰设计将根据面料的肌理纹样和色彩情况进行创意设计，才能够获得最佳的装饰效果。另外，面料再造装饰技术的应用是现代牛仔裤装饰设计中比较普遍运用的装饰手段，也是牛仔裤装饰风格和个性表达的重要方法之一。

（二）牛仔裤装饰设计的加减法

随着时代的发展，牛仔裤装饰设计已与传统牛仔裤装饰设计产生了巨大差异，其变化速度之快足以触发各种各样的最为流行的时尚主题。

当今，各种材质和花色品种的牛仔面料不断涌现，新的装饰技术和装饰材料层出不穷，为牛仔裤装饰设计提供了众多崭新的创意设计元素。牛仔裤装饰设计在不断地变化和革新中，加深对这些装饰元素的认识和探索是促进牛仔裤装饰设计创新发展的重要工作。

1. 色彩的加减

牛仔蓝是牛仔裤的基本色调，牛仔色调以靛蓝色和黑色为主，在一些特制的高档牛仔裤中，也大量采用蓝黑色面料。

近年来，彩色面料在牛仔裤加工生产中的应用越来越普遍，运用色彩渐变的方式装饰牛仔裤主要是将牛仔布肌理以染色、水洗、做旧、石磨、扎染、喷绘等工艺来处理，增加色彩的变化。

“刷白”是许多专业牛仔裤品牌主要的装饰手段，刷白、洗色、猫须等装饰手段成为牛仔裤装饰设计的新亮点。

李、威格等公司在“刷白”的基础上进行不同层次的蓝色套染，造成喷砂刷黄、绿或淡蓝等效果，使牛仔裤呈现出一种做旧、自然铜绿色的装饰效果。

迪赛（DIESEL）公司推出了一款“流水洗”的装饰技术，将黑色牛仔斜纹布经过三次洗水漂白，再泼洒冷染剂，可以形成浅灰、蓝色、黑色、白色、灰色等层次色差。漂白后，蓝色的残留位置及颜色深浅仿佛有种水墨画的感觉。

目前，牛仔裤靛蓝色的影响力依然强劲，但是洗白牛仔裤相比深靛蓝色一直都有其独特的魅力。量身定制的高端洗白牛仔裤成为一种时尚，漂白后色彩变化丰富，结合牛仔裤的立体剪裁、优雅廓型、做旧装饰，体现出了自由奔放的设计风尚。

洗白牛仔裤在搭配上有更大的自由度，无论是深色上衣、宽松T恤、花色衬衫，还是同色系服饰搭配都会取得令人满意的搭配效果（图5-38）。

印刷、彩绘、电脑印花等装饰手段都可将图案印在牛仔裤上，自由度大，利于规模化生产（图5-39）。

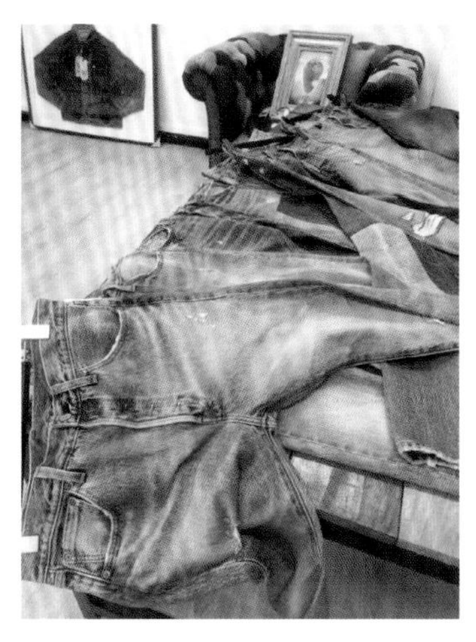

图5-38 洗白及流水洗装饰牛仔裤（山水丹宁）

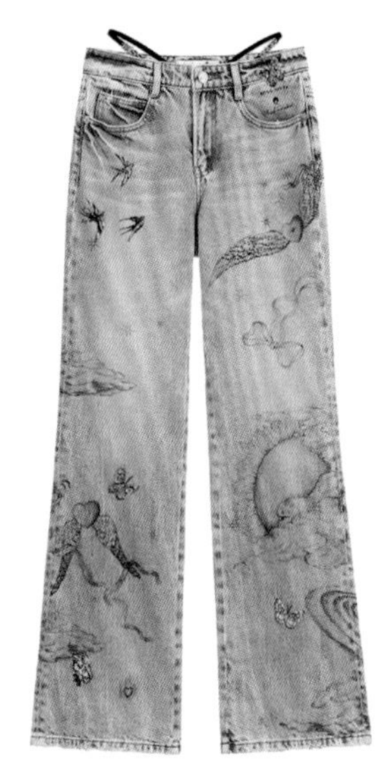

图5-39 MISS SIXTY品牌个性手绘涂鸦牛仔裤

2.抽须、磨损、撕裂

抽须、磨损、撕裂是牛仔裤装饰设计中常用的装饰手段。

抽须：牛仔布是由蓝色棉线与白色棉线为经纬线织出来的布料，经过抽须处理把白色棉线单独显露出来，可以呈现出一种在蓝色的面料上镶嵌白边的视觉效果，这种装饰自然而个性化。

磨损：在牛仔裤容易磨损的部位（如大腿、腰部等处）人为制成做旧脱色的效果，使服装产生一种真实而成熟的个性。

撕裂：常见的手法是在牛仔裤上撕裂出一条条破洞，让裤管自然下垂，展现出一种放浪不羁的个性。

做旧牛仔裤可以满足消费者对于服装起源和制作工艺的回忆，所以，以旧制新的设计理念也越发时尚流行，通过撕裂、破坏、拉毛工艺等装饰效果，遮盖水洗工艺处理，诠释残缺的另类之美（图5-40）。

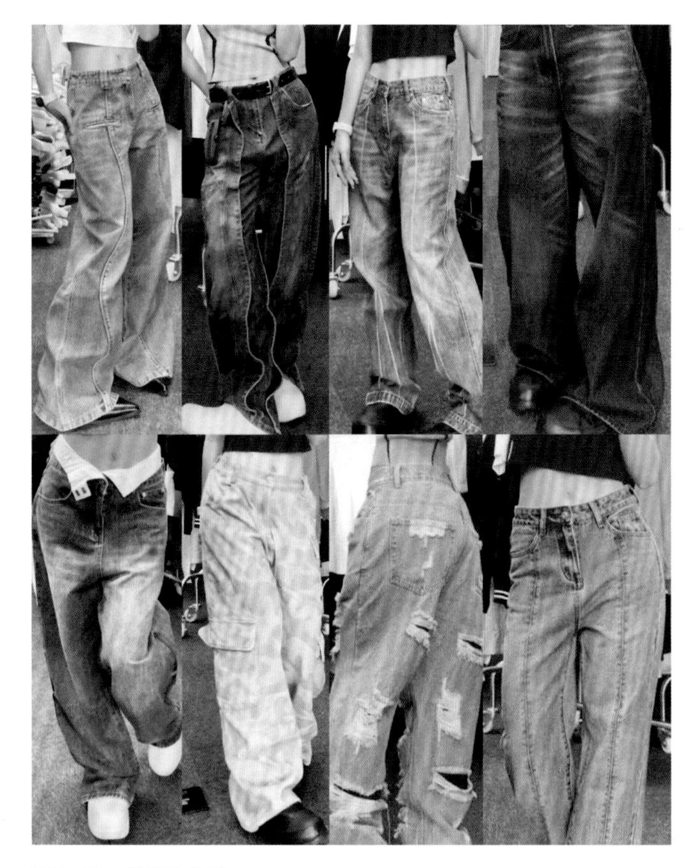

图5-40　做旧牛仔裤

（三）工艺化装饰

随着薄型、丝光、混纺等各种牛仔裤面料面世，牛仔裤装饰设计也发生了很大的变革。牛仔裤不仅有粗犷不羁的风格，也有婉约柔美的一面，设计师开始把传统服饰的技艺嫁接到牛仔裤的装饰设计中来，为牛仔裤装饰艺术开辟了一个新天地。例如，刺绣、镶嵌、流苏、蕾丝等装饰工艺在牛仔裤装饰中都得到了广泛的应用。

1. 刺绣装饰

刺绣是古今中外传统服饰的重要装饰手段，将其应用到牛仔裤装饰设计中，使以丰富多彩的中外传统图案、吉祥图案及少数民族图案为创意题材的绣花牛仔裤风行起来。同样由刺绣发展起来的珠绣、贴花绣、机绣及电脑绣花等成为牛仔裤装饰设计的重要手段。

刺绣工艺在牛仔裤装饰设计中的运用，是装饰性与实用性的统一，不仅能增强服装的形式美感，而且能增加服装的实用功能。从古至今，刺绣工艺都是高级服装常用的装饰手法，也是牛仔裤装饰创新的重要手段。设计中，刺绣工艺最集中的地方是腰头、裤腿、裤袋、裤脚等，根据服装风格要求的不同而运用不同形式的刺绣工艺，能够产生不同的装饰效果。

彩绣是一种最具代表性的刺绣方法，布面肌理丰富、图案层次分明，风格既可细腻又可粗犷，能很好地表达设计效果，在牛仔裤装饰设计中的运用也较为普遍。贴布绣是在底布上按照设计好的图案的形状、色彩、纹样贴缝固定的技法，可以与其他刺绣工艺技术结合起来运用，能给服装增添意想不到的效果；串珠绣是利用化学材料、玻璃料制品、金属工艺制品等材质制成，再与其他刺绣技法相互结合运用，可呈现出珠光灿烂、绚丽多彩、立体感强、层次清晰的效果，使牛仔裤产生高贵典雅、富丽堂皇的视觉效果（图5-41）。

图5-41　刺绣装饰牛仔裤

2. 镶嵌装饰

牛仔裤的镶嵌工艺是一门技术要求很高的技艺。所谓的镶嵌就是将各种天然或人工合成的宝石用各种适当的方法固定在蓝色牛仔面料上的工艺。

在造型上，镶嵌的珠宝成为视觉中心，能够突出珠宝的材质特色，经牛仔面料的组合与烘托，使牛仔裤更具时尚感和装饰艺术美感。镶嵌钻石的工艺是极其昂贵的，而猫王埃尔维斯·普雷斯利（Elvis Presley）的演出服则把牛仔镶嵌的手法发挥到极致，使平民化的牛仔进入了奢侈品的殿堂。在图5-42所示的镶嵌装饰牛仔裤中，传统铆钉装饰不再局限于加固功能，而是成为一种重要的装饰元素。镶嵌装饰的材料、技术、装饰位置、装饰手法等越来越多，使牛仔裤的装饰风格进入一个全新的领域。

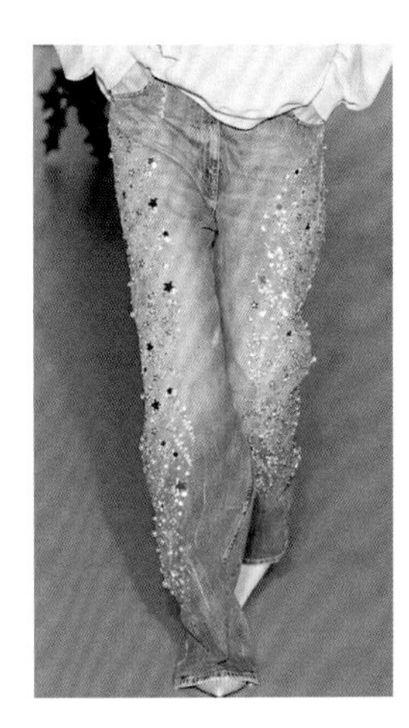
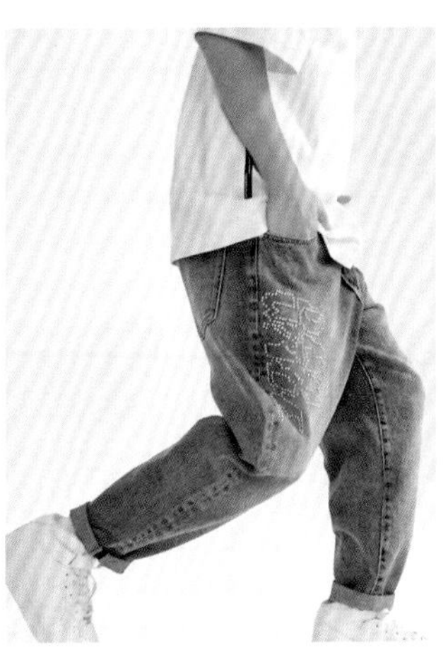

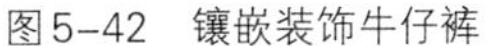

图5-42　镶嵌装饰牛仔裤

3. 流苏装饰

流苏最早出现在美国西部牛仔的牛仔裤裤缝拼合部位，与袖缝的流苏一起，表达一种奔腾飞扬的感觉。

随着牛仔裤制作工艺的变化，牛仔裤后片出现了新分线，可以在牛仔装的裤口、衣边、裙边等处制作出各式各样的女性风格牛仔流苏，而最能体现出西部牛仔风格的点缀流苏，可采用富有光泽的丝穗或粗犷的仿皮穗制成，使流苏在牛仔蓝的映衬下散发出特有的风格（图5–43）。

4. 蕾丝装饰

蕾丝装饰出现在牛仔裤上是另一个女性主义牛仔时代到来的标志，性感与狂野并存的视觉效果的确让人难以抗拒（图5–44）。

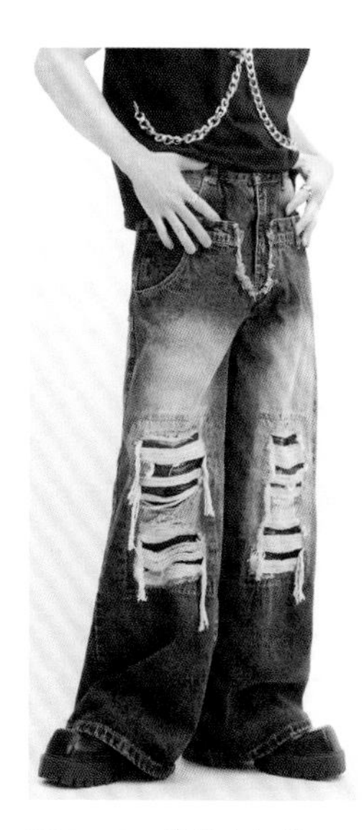

图5–43　流苏牛仔裤

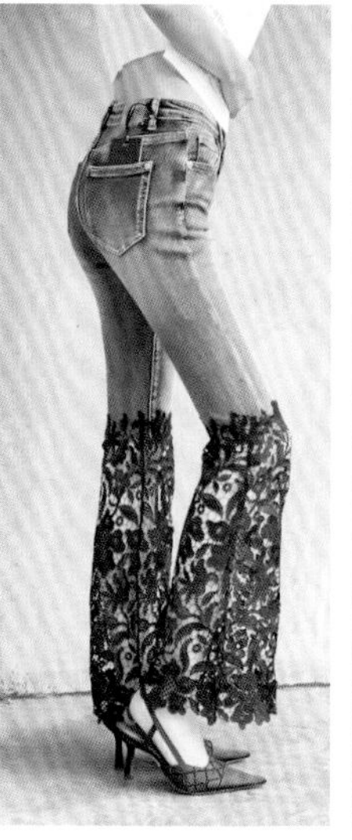
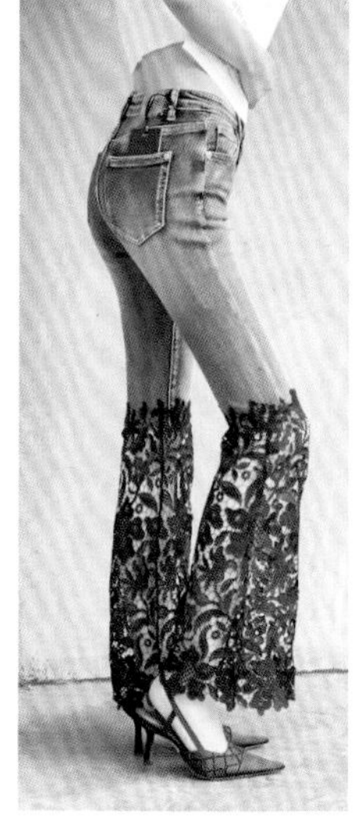

图5–44　蕾丝牛仔裤

图5–45　拼接装饰牛仔裤

5. 拼接装饰

通过拼接各种补丁，把质感和色彩不同的牛仔面料拼接在牛仔裤上，或用软、硬、粗、细不同的面料缝在牛仔裤的不同部位，让同一条牛仔裤集温柔、狂野、高贵、平民化等不同气质于一体（图5–45）。

6. 缝线、门襟、口袋

（1）缝线装饰。在还没有自动缝纫机之时，牛仔裤后袋便用手工缝上了独特的双行弧线。如今，双行弧线已然成为牛仔裤最悠久的服装标记。

牛仔裤上特定部位的固定缝线和多重缝线，突出地显示了牛仔装的功能性，又成为设计师手中风格变幻的装饰元素。红色或黄色，细微的点线之间透露出蓝与白的风格（图5-46）。

图5-46　线迹装饰牛仔裤

（2）门襟装饰。牛仔裤是典型的中性服装产品，尤其体现在门襟上，牛仔裤常常使用拉链，这样就使牛仔裤的门襟呈现均衡的对称感，无须考虑上下、左右的关系。

（3）口袋装饰。最初，牛仔裤的口袋完全是功能性的。随着牛仔裤的发展，口袋作为一种装饰性元素为牛仔裤的款式结构带来多种变化，前边、侧缝、裤腿等部位均可缝制口袋。口袋有平整、立体、抽褶、松散等多种形态，极大地丰富了牛仔裤的结构特性和装饰设计（图5-47）。

图5-47　口袋装饰牛仔裤

三　经典牛仔裤装饰设计解析

（一）李维斯品牌牛仔裤装饰设计解析

李维斯是著名的牛仔裤品牌，1873年，其品牌生产的纽扣牛仔裤标志着第一条牛仔裤的诞生。它历经了一个半世纪，从美国流行到全世界，并成为全球各地男女老少都能接受的时装类型（图5-48）。

1.李维斯牛仔裤的装饰设计风格

李维斯牛仔裤装饰设计的发展和创新随着其品牌的发展而发展，并且对李维斯旗下的众多牛仔裤系列产品的风格构成和市场开拓发挥了极为重要的作用。

李维斯品牌经典的牛仔裤是采用靛蓝牛仔斜纹布制作而成的，腰后侧的皮章与裤后袋的弧线、铆钉、红旗标等都是牛仔裤装饰的特点，正是因为品牌能够在一百多年以来

图5-48　李维斯牛仔裤标

与时俱进，不断地追求设计创新、装饰创新，才能使百年多的服饰品牌至今仍然是世界牛仔产业的顶尖品牌。

1960年，李维斯推出了水洗系列牛仔裤，1967年出现喇叭口裤型，1986年开始生产做旧、穿洞的破烂牛仔裤和将裤管翻过来的“翻边”牛仔裤，2003年推出性感新潮、剪裁独特的TYPE 1™系列。

李维斯牛仔裤在款式演变上一直紧跟时尚潮流的变化，并保持不断创新。

20世纪70年代，李维斯牛仔裤由传统的合体款式变化出喇叭裤；20世纪70年代末，又由喇叭裤演变至萝卜裤；20世纪80年代后期，牛仔裤由以前讲究合身贴服，进化为追求原始牛仔裤风格的直身裁剪；此风一起，李维斯501又掀起了另一个牛仔裤潮流，20世纪90年代也受到此潮流的影响。

李维斯的现代系列中也有三大分支，分别以不同颜色商标的小旗做区分，“红旗”为传统款式的时尚设计；“银旗”为现代基本款式，讲究高品质和精细的洗水过程及制作效果；“橙旗”主要发展牛仔裤时髦款式，是紧贴潮流的产品系列。

品牌旗下的众多系列牛仔裤，它们的风格和市场定位非常明确。例如，高端优质（PREMIUM）系列，这个系列属于设计比较高端化、时装化、精致化的牛仔裤，整体风格中规中矩，呈现一种简约的奢华感。

在传统经典（TYPE1）系列中，该系列牛仔裤设计带有明显的街头文化色彩。男版解构重组朋克精神，不同印花手法将鹰线、双马等立体、夸张地呈现出来；女版利用银粉凸显亮泽洗色感，特别能令人感受到自我奔放的个性。

淑女风格（Lady Style）系列，该系列是李维斯根据亚洲女性身体特征而设计的牛仔裤系列。该系列的牛仔裤在每个细节上均以凸显女性优美的腿部线条为目的。牛仔裤两边加上了“侧幅”，令双腿从任何角度看起来都分外修长，呈心形的后袋面积较小，位置也比其他系列的牛仔裤更高，将臀部的线条修饰得更为完美，也有提升臀部的视觉效果；直纹的弹性布料舒适地包裹着双腿，宛如身体的第二层皮肤，令腿部的线条更为突出；装饰设计上采用银色的皮牌、撞钉和裤纽，用银色替代传统铜色的构想令整条牛仔裤的感觉更为女性化。

红旗标（Red Tab）系列牛仔裤在装饰和色彩方面更加强调休闲时尚感。女款运用充满活力的柠檬黄色，男款运用动感的鲜红色，同时利用胶印套色、浮印手法及含有金属光泽色系点缀，呈现出耀眼的视觉效果。多种鲜明的颜色，融合数字图案，运用手感光滑、轻盈透气、柔软吸汗的网眼材质，除了强调伸展功能外，精巧的花式织纹搭配上特殊的剪裁，使功能性布料更添质感，诠释出浓浓的运动时尚感。

同样，李维斯品牌的其他系列也都以独特的特性和装饰风格满足各种消费者的需求，这也是品牌能够创造行业重要地位的原因之一。

2. 装饰的特点

在现代服饰艺术中，李维斯牛仔裤不仅是时尚潮流的引领者，更是牛仔文化的一个典型服饰代表，带有鲜明的独立、自由、冒险等象征性意义。

随着时代和世界经济文化的发展，品牌牛仔裤的装饰设计被赋予了更多的精神和文化艺术气质。现在，牛仔裤的装饰设计在继承传统文化的基础上，已经成为既可以表现青春、活力、时尚，又具有永不落伍的“时装”特征的重要装饰艺术手段。

（1）特色鲜明、风格独特的装饰设计。李维斯自生产第一条牛仔裤以来，其装饰设计一直处于引领牛仔产业先驱的地位，在品牌旗下的众多系列中，始终蕴含着牛仔文化本质的精神文化内涵，其服装整体装饰和细节设计都具有鲜明的特色和独特的风格。

李维斯首创的口袋的铜铆钉、皮牌、红旗标、双弧形缝装饰是当今牛仔裤历史最悠久的服饰商标。在色彩装饰领域，首先推出的浅蓝牛仔裤及后来推出的麦穗色牛仔裤，将牛仔裤带入了休闲服饰的领域，并超前所流行的褪色丹宁布牛仔裤20年以上。再加上其后续推出的彩绘牛仔、洗水牛仔等原创的装饰技巧，奠定了李维斯在牛仔裤装饰设计中的领先地位。

李维斯牛仔裤在设计创意、材料选择、制作加工、成品包装等产业链中始终贯彻一丝不苟和追求完美的品牌精神。

设计创意是根据市场的需求和对消费对象细分市场精确划分而设定的。制作产品的工艺全部使用高效率的计算机辅助设计软件（CAD）系统制作，团体有自己独特的制作工艺和专用机器。例如，后口袋的弧线都是由电脑花线机缝制的，一次成型，很整洁。品牌产品使用的所有材料都是由品牌团体集中采购再分发下来的，质量非常好，对装饰材料、副料，尤其是商标数目控制得很严格。

洗水在牛仔裤装饰中起到重要作用。牛仔裤有授权的专业洗水工厂、严格的洗水工艺，根据旗下不同系列的产品要求，执行不同的洗水方法，对不要求花色的采用酵素普通洗法，对有些系列则采用复杂的洗水方法。运用立体褶皱、破损、猫须、手工摩擦、做旧、套色、石磨等面料再造工艺，经过多次复杂的洗水工艺的牛仔裤形成李维斯独特的装饰风格。

（2）与时俱进、创新发展。世界上很难有一个服装品牌能够像李维斯这样历经100多年的市场洗礼，从一个简单的工装裤流行到全球，品牌个性始终保持如一，并成为世界牛仔产业的时尚领导品牌，这是品牌与时俱进、创新发展的成果。

现今，李维斯写下了牛仔裤历史上颇多的第一，但是起初并不被美国上流社会接受。20世纪60年代，李维斯从嬉皮风格中汲取创意元素，将嬉皮的多元风貌进行改良，形成一种时髦和雅致相结合的“雅痞”装饰风格。

知名的李维斯501是历史上销量最高的牛仔裤之一。501牛仔裤秉承品牌的传统精神，使牛仔裤的每一处标志都隐藏着个性化特征，牛仔裤装饰设计的每一个褶皱、每一处破损、每一处褪色和磨损，在设计师精心设计下均呈现出波西米亚风格，让城市的着装者展现出豪放的原野气质。

在品牌发展中，李维斯做到了在融合中创新，洗白、做旧、磨烂、破洞等牛仔裤现代流行的装饰手段得到广泛的运用，同时把五个经典装饰的细节放大到极致，铆钉、皮牌、红旗标、铜扣、双弧线的作用被加大数倍。设计师巧妙地把这五种标志性元素应用在牛仔裤上，只要能把这些元素与流行的设计语言和装饰手段进行配置，就会获得令人满意的装饰效果。

李维斯首先在牛仔裤的生产中采用了3D立体剪裁技术，并且创造性地提出了引领流行时尚向上延伸的概念，全新推出旗下品牌的众多牛仔裤系列，每一系列都以独特的装饰风格享誉于世。

3.李维斯牛仔裤典型系列装饰分析

（1）经典与现代融合的李维斯501系列。李维斯501系列牛仔裤是李维斯品牌最经典、畅销的牛仔裤产品，特点是设计简洁。牛仔裤采用直筒中腰剪裁，纽扣式设计，臀围位置不完全服帖，使穿着时很宽松、舒适。

从1937年开始，李维斯品牌每年都有新品推出，在装饰设计上被赋予了更多的精神和文化艺术气质，保留了经典的板型和原创的红旗标、裤后的皮牌、裤后袋的双弧形缝线及裤上的铜制撞钉等细节，在裤袋角位简单缀以金属撞钉，打破传统风格，使牛仔裤更受欢迎。

李维斯501牛仔裤的洗水装饰效果，在保证严格的洗水工艺的同时，每年都会随着潮流采用最时尚的装饰手段，来满足消费者的个性化需求。为使李维斯501的色彩更为丰富，除经典“501”型蓝色牛仔裤以外，也会采用白色、黑色、黑蓝色、红色、糖果色、米色等多种色彩，装饰的图案纹样会随着流行时尚的变化而变化，图5-49为李维斯501牛仔裤。

图5-49　李维斯501牛仔裤

（2）精细的结构塑体装饰——曲线标识（Curve ID）系列。李维斯曲线标识系列，是根据女性整体的身型，包括具体的身体曲线和身型比例特点，为全球消费市场上大多数的女性确定了三个不同的曲线系列：B型（Bold Curve）、D型（Demi Curve）以及S型（Slight Curve）。

B型尽显女性玲珑曲线，专为牛仔裤臀部和大腿位置合适、后腰位置不合身的女士而设计，其腰部更加贴合无缝隙的设计，让腰、臀、腿线条一气呵成，不再有松垮之感，凹凸精致的身材一览无余。

D型着重展现女性完美比例，以独特的剪裁凸显腰部诱人曲线，有效提拉臀部线条，使体型更加平滑，从而在整体视觉上营造人体黄金比例效果。

S型则能有效美化女性纤细身材，其独特的腰臀部设计，有效塑造完美的腰臀曲线，让腰部看起来更为纤细，同时大腿位置的独特剪裁能够帮助勾勒紧实的臀型，让身型显得更加曼妙。

2012年，李维斯特别针对B型、D型、S型三种亚洲女性身材曲线，设计出一系列让女生腿部线条更纤细匀称，更能拉长视觉比例的牛仔裤系列，包括打底裤、直筒裤、靴型裤和宽管裤等。

（3）追求现代时尚的淑女风格系列。在装饰设计上，李维斯采用银色的皮牌、撞钉和裤纽。这种用银色替代传统铜色的构想，不但大胆，而且令整条牛仔裤的感觉更为女性化。此外，李维斯还推出了第二代立体剪裁系列。

（4）个性化装饰的经典系列。该系列牛仔裤设计带有明显的街头文化色彩，男款解构重组朋克精神，不同的印花手法将鹰线、双马等立体、夸张地呈现出来；女款利用银粉凸显亮泽洗色感，令人有个性奔放的视觉感受。

（二）李品牌牛仔裤装饰设计解析

1889年，亨利·大卫·李（H. D. Lee）在美国成立公司，生产和销售李品牌牛仔裤。经过一个多世纪的发展，李品牌牛仔裤如今已经成为美国牛仔服饰的三大经典之一（图5-50）。

李品牌自创建之日一贯追求实用与时尚的理念，1926年，其生产了世界上第一条拉链牛仔裤，当时李品牌的宣传口号是适合身体的裁剪，是创新而独有的理念，同时创造了经典的吊带工人裤，以及成为军队制服的长袖连身工人裤。

第二次世界大战之后，随着狂野西部牛仔裤形象的成功，李品牌的市场发展至美国东岸城市，并很快覆盖了全国。

李牛仔裤的西部形象不仅只是把工装变成了时尚服饰，同时也为牛仔裤市场起到了极大的带动作用。这时，品牌著名的“Lee”大皮牌出现，配合牛仔夹克在市场上的成功，其牛仔裤已经成为经典的产品。

1975年，李品牌的女装牛仔裤问世，名为适合女孩（FIT FOR

图5-50　李品牌牛仔裤标

GIRLS）的女装牛仔裤系列随之产生，为女装牛仔系列登场创下了良好的基础。

随后，公司又先后创立了适合各年龄段的品牌系列，建立了稳固庞大的“牛仔王国”。时至今日，李的悠久历史令它成为美国牛仔裤的一大主流，它的产品在传统与前卫的角度上，都保有一定的水准和价值，已经成为既经典、又时尚的牛仔裤的代号。

1.装饰的特点

（1）创新引领发展潮流。1926年，李发明了世界上第一条带拉链的牛仔裤。从此，拉链作为重要的牛仔服饰配件得到广泛应用，同时也作为一种牛仔服装的装饰手段运用至今。1936年，著名的真皮拼贴（大皮牌）装饰开始出现在牛仔裤后腰的位置上，成为李品牌独家认证的重要标志。与此同时，牛仔时装的概念开始流行，经典的骑士牛仔外套和牛仔裤出现，装饰设计更加现代化，服饰适应了更多的消费人群，使产品的销量大增。1944年，李开创了后袋上的S形车缝线，远看犹如一对牛角，它和大皮牌一样，成为李的经典标志。

（2）打破了男式牛仔裤垄断的局面。李敏锐地意识到越来越多的女性开始参与工作，所以抓住时机进军女装市场，推出女装牛仔裤，为女装牛仔系列产品的开发和牛仔女装的发展创造了良好的基础，进而掀起一股女性穿着牛仔裤的风潮。

（3）保持传统，追求产品的优秀品质。1911年，李推出第一款具有保护性的工装裤，独具匠心的多口袋设计不但方便了工人工作，而且成为经典款之一。1924年，为巩固其在工装裤领域的领军地位，李品牌引进了一种重磅丹宁布，为追求高质量的顾客专门制作了一款牛仔裤，这便是鼎鼎大名的101系列。时至今日，它依然盛行不衰。

（4）追求时尚潮流和市场同步发展。李经过多年努力，始终把自身的产品与它的目标消费者——时尚、创新的年青一代，保持密切的联系，使产品与市场同步发展。1954年，由于美国好莱坞明星詹姆斯·迪恩（James Dean）和马龙·白兰度（Marlon Brando）在影片中穿着李牛仔裤的西部牛仔形象，为牛仔裤在全美流行起到重要推动作用，牛仔裤从工作服转变成时尚服装。1969—1975年，李相继进军苏格兰、比利时、西班牙、巴西、日本、澳大利亚及东南亚等国际市场，装饰设计更具国际化色彩。1982年，李推出石磨蓝牛仔裤，是当时的时尚指标。1995年，李正式入驻中国市场。

2.李牛仔裤装饰设计解析

李品牌在一百多年间始终把勇于创新作为企业发展的驱动力，产品的设计风格和品质始终遵循在保持传统牛仔风格的基础上进行创新，不断推出适合各年龄层次消费者消费需求的品牌系列，具有普及率高、适合人群较广、年龄跨度较大、销售量高的特点。李品牌以其简洁、纯粹的装饰设计风格吸引了全球追求时尚的消费者的目光，是一个能够代表时尚潮流的牛仔服饰品牌。

李在发展的过程中，始终保持一贯的实用与时尚相结合的设计理念，在牛仔裤由实用性工装变成流行时装的过程中，李品牌发挥了重要的示范性作用。

李基本款工装裤是一种五袋经典款式的牛仔裤，该款式继承了传统牛仔裤自由、粗犷、豪迈的精神内涵，但随着消费需求的变化，李配合不同时期时尚潮流的变化趋势，与时俱进地设计和生产出多款满足市场需求的牛仔裤系列。

在装饰设计上，牛仔裤的风格与选用的牛仔面料的风格是相辅相成的。牛仔面料的选择精益求精，不仅有粗放、结实、耐用的传统蓝色斜纹布，也紧跟时尚潮流的变化，采用细腻、多彩、精致的提花、格子等有特殊装饰效果的牛仔面料进行设计，使服饰的款式、花色更加新颖、时尚、多样化（图5-51）。

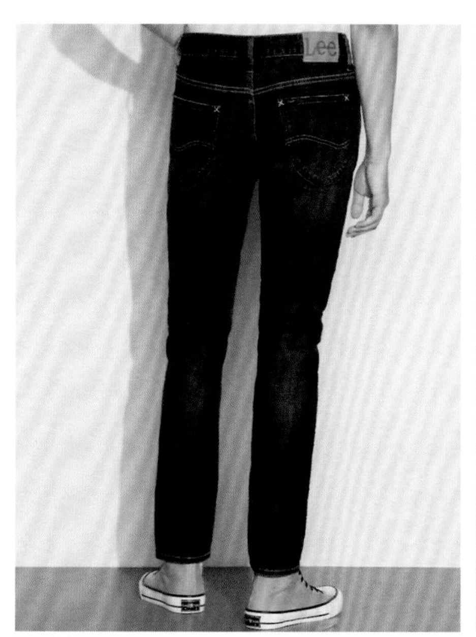

图5-51　李品牌牛仔裤

（三）威格品牌牛仔裤装饰设计解析

1. 威格品牌文化

威格品牌是一个源于美国西部的牛仔裤品牌，与李维斯、李并列为美国三大牛仔裤品牌。

威格品牌秉承“专为牛仔而设计的牛仔裤”的设计理念，以“美国西部精神”为服饰文化创意灵感，以美国西部牛仔的实际消费需求为目标，其设计充分展示了美国西部牛仔的粗犷、豪迈、自由、奔放的文化内涵。

1904年，威格公司成立，推出了实用工作服形式的牛仔裤，并命名为威格牌牛仔裤（图5-52）。

1926年，根据牛仔放牧的工作性质和特殊的着装需求，威格设计生产了以西部牛仔为消费主体的蓝牛仔裤11MW（Men's Western），该产品以西部驯马比赛的赛手形象作为装饰标志。

明星在威格品牌的推广宣传中发挥了巨大作用。20世纪40年代末50年代初，公司投入大量资金在好莱坞有关西部的电影上宣传，威格牛仔裤和黑色皮夹克的牛仔形象掀起了一阵阵的牛仔热潮，这使品牌的知名度大大递增（图5-53）。

图5-52　威格牌牛仔裤

在以牛仔文化为根基的基础上不断推出新产品、扩展新市场是威格品牌文化成功发展的重要原因。

20世纪50年代早期，威格首次推出了黑色丹宁衬衫与黑色牛仔裤，并且积极开发女装市场，推出了女装牛仔裤系列。20世纪60年代推出了系列的牛仔衍生用品，如马鞍、马靴、牛仔帽等，这不仅扩大了市场，而且使威格品牌的企业文化形象更加深入人心。

图5-53　威格牛仔裤广告

随着牛仔文化的全球性传播，扎根于西部牛仔精神的威格品牌牛仔裤成功登陆欧亚大陆，1961年，分别在比利时、德国、英国、中国等地建立分公司或销售点，形成一个全球性知名牛仔裤品牌。

2.威格牛仔裤设计风格

西部牛仔风格是威格牛仔裤品牌的精髓所在，这种风格并没有因为时尚的变化而变化，独特的设计创意和装饰艺术形式使威格牛仔裤品牌在时尚的浪潮中表现出旺盛的生命力。

威格牛仔裤品牌的设计师是牛仔出身的罗德奥·本（Rodeo Ben），他在1947年根据美国西部牛仔的实际需求设计了经典的威格13MWZ牛仔裤。该裤装在结构设计上采用宽裤直脚、高深裤裆的设计，使牛仔们在骑马放牧时倍感舒适。威格牛仔裤细节设计科学合理，裤袢长度与牛仔专用皮带相适应，可以容纳牛仔皮带特大扣章的应用；采用平滑的金属铆钉装饰，除增加牢固度外，还不会刮破马鞍；裤脚宽度刚好盖在牛仔靴上；裤袢设计使皮带受力平均，裤身紧贴腰部，上衣不会轻易露出裤外。

威格牛仔裤装饰设计独特经典，红古铜色也是其颜色标志。13MWZ及整个

Authentic系列牛仔裤的特别之处就是后裤袋上象征威格的“W”车线，已经成为品牌的经典标志，80%以上的牛仔比赛冠军都选用威格作为比赛服装。威格的一款直筒牛仔裤采用棉质蓝色斜纹牛仔面料，裤腿上半部分坚固耐磨、宽松舒适，而裤管也可以轻易塞入牛仔最喜欢的靴子中。威格牛仔裤设计以“美国西部精神”为主要灵感，根据真正的美国西部牛仔的需要而设计，实际而不浮夸，充分展示美国西部牛仔粗犷、豪迈而内敛的感觉。

1948年，第一件威格11MJ牛仔夹克诞生，短款、紧身、束袖、多袋、前开扣的设计，渗透着西部牛仔潇洒浪漫的氛围；设计在衣领、前襟、肩部、口袋处的双缉线装饰，使夹克极富立体感；金属的纽扣更能突出西部牛仔硬朗的形象。威格11MJ牛仔夹克与牛仔裤的巧妙搭配体现了威格牛仔服饰雄浑、刚烈、阳光的个性，深受好莱坞和其他众多文体明星的喜爱。

20世纪50年代早期，威格首次在电视节目上推出黑色丹尼衬衫与黑色牛仔裤。在这期间，还开发出女装牛仔裤——“Jeanies”系列。

法国著名设计师可可·香奈尔有句名言：时尚会变化，而风格永存。威格女装牛仔裤的风格仍然保留了西部牛仔自由豪爽的自我风格，但在材料选择、款式设计及装饰设计等方面汲收了大量时尚元素，莱卡材质和立体剪裁使女式牛仔裤呈现更完美的曲线，立挺的臀形显示出女性特有的魅力（图5-54）。

1973年，威格牛仔裤成为年轻文化的标志，成为全世界年轻人的象征。据相关统计资料显示，1996年，在美国每五条售出的牛仔裤中就有一条是威格产品。

2013年春夏，威格品牌推出全新广告“让心飞——自然元素”，一同去探索威格所倡导的活力、自由、充满探险精神的牛仔冒险之路。

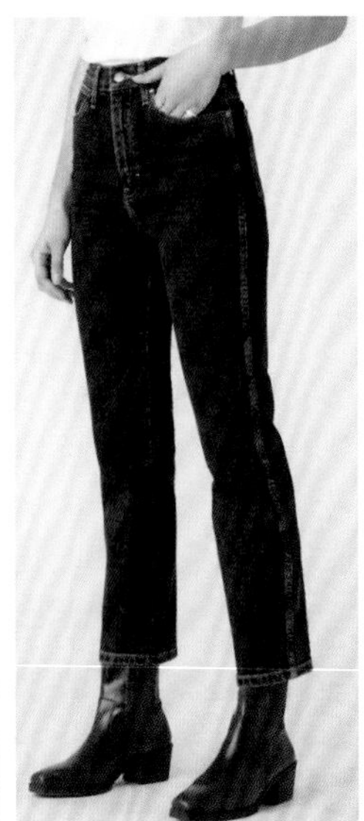
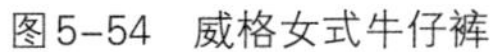

图5-54　威格女式牛仔裤

第四节　牛仔童装的装饰设计

一 牛仔童装装饰设计概述

（一）国际和国内童装产业发展概述

国际儿童服饰产业起步于20世纪60年代，从早期的简单制造发展到专业化的品牌运营，在经济发达国家诞生了一批国际化的知名儿童服装品牌。经过几十年的发展，欧美的儿童服装产业发展较快，产业集中度高，产品品质优良，设计的科学性和装饰艺术更加成熟，产品在国际市场的竞争力较强，特别是在高端童装市场占有重要地位。

我国童装产业起步较晚。从20世纪80年代起，国内童装产业主要从事代工生产，儿童牛仔服装与成人牛仔服装一样主要是以贴牌或代工的生产方式为主，品牌化水平低，特别是缺少知名品牌的支撑是我国牛仔服童装产业发展的主要制约因素。

在我国的童装市场上，特别是牛仔服童装的高中端市场，依旧是以国外品牌为主，我国牛仔服童装产品基本上以中低端产品为主，主要分布在三、四线城市的商场和店铺。

目前，我国牛仔服童装产业仍处于快速发展的成长期，出口和内销行业的增速均领先于其他子行业，并且具有极大的发展潜力。国家统计局数据显示，2011—2015年，我国0~14岁人口数量达到2.42亿人；2016年，0~14岁人口数量占总人口比例达到16.64%，为2010年以来的最高值。在我国相继启动实施了“单独二孩”和“全面二孩”政策以来，庞大的适龄消费人群为牛仔服童装市场的发展奠定了基础。

牛仔服童装产业的发展主要包括三个环节：设计开发、生产加工和品牌运营。总体上来讲，设计开发和品牌运营处于牛仔童装商业价值链的高端，生产加工的商业价值较低，我国具有一流的加工设备，而设计开发和品牌运营却是产业发展的薄弱环节。

近年来，我国牛仔童装产业的品牌意识逐渐增强，消费市场不断扩张，高端品牌产品开始进入一、二线城市的童装市场，对牛仔童装的研究、设计和开发成为企业可持续发展的重要技术手段。

随着我国人民物质和文化生活水平的提高，对儿童牛仔服装的数量、内在质量及装饰设计的要求也在不断提高，童装的健康、舒适、美观、安全、环保已成为消费者选择商品的第一要素。

儿童是牛仔服装的特殊消费群体，有别于成人的生理、心理和行为特征及对服装装饰设计的特殊需求。随着儿童不同成长阶段年龄的变化，这种需求也将对服装的装饰设计提出不同的要求。

（二）牛仔童装的分类

1. 童装的类型划分

我国把0~14岁儿童的服装统称为童装，按其年龄划分可分为：婴幼儿装（婴幼儿：0~3岁）、小童装（学龄前：4~6岁）、中童装（少儿期：7~11岁）、大童装（少年期：12~14岁）四个年龄段。

2. 童装牛仔服款式分类

童装牛仔服的分类主要是以不同年龄段来划分的，目前因为婴幼儿装的特殊需求，一般采用牛仔面料制作的童装多数以小童装、中童装、大童装的童装产品为主。

（1）小童装。小童装牛仔服分男、女小童装，主要款式有：长裤、短裤、衬衫、夹克、背心、外套、大衣、连衣裙、背带裙等。

（2）中童装。中童装是指7~11岁左右儿童的服装，这个年龄段儿童处于小学阶段，除校服外，还可分为运动服和日常服。男中童款式有：衬衫、外套、长裤、短裤、背心、大衣等；女中童款式有：长裤、衬衫、外套、连衣裙、短裙等。

（3）大童装。大童装是指12~14岁儿童的服装，这个年龄段儿童处于初中阶段，也是生长发育的高峰期，除校服外，还有外出服、室内服等不同类型服装。男大童的主要款式有：衬衫、夹克、外套、运动服、长裤；女大童的主要款式有：长裤、连衣裙、外套、运动服、休闲服等。

（三）童装的审美价值和装饰设计的作用

美是人类永恒的追求，审美是儿童身心教育的重要组成部分，牛仔童装装饰设计与童装设计一样，除要求牛仔童装必须满足功能性和审美性要求以外，同时还承担着对儿童审美教育培养的责任。

审美教育不仅是教育部门的事情，在日常生活中，儿童可以通过周围事物的造型、色彩、旋律、节奏等多种途径去感知美的信息。牛仔童装的装饰设计是通过点、线、面、体及色彩和图案等给儿童视觉上带来启迪。

儿童生活在物质世界里，儿童的穿戴与儿童的审美意识有着密切的联系，直接影响他们的各种感情。通过服装这个媒介促使儿童在成长过程中逐渐形成审美的意识，这种对美的感悟和认知对儿童今后的成长将产生重要的影响。

因此，在牛仔童装的装饰设计中，设计师不仅要了解各年龄段儿童的体型、生理特点、兴趣爱好等，同时应掌握儿童的心理和智力发展，只有将这些影响因素综合考虑，才能设计出满足儿童成长需求的服装。同时，不同年龄段和不同性别的儿童服装也必须根据不同的生长发育阶段的身体特征、行为习惯、生理和心理特点、着装环境等因素，去规范服装的装饰设计。

牛仔童装的装饰设计是在服装款式造型、色彩、材料基础上的综合设计，不同年龄和性别的儿童对装饰设计的要求不同。

1. 学龄前（3~6岁）儿童

学龄前（3~6岁）的儿童，处于幼儿园学习时期，儿童发育成长较快、活泼好动、思维观察能力强，对服装的款式结构要求上是以适应成长和生活环境的组合式服装为主，服装大小必须合体，领、肩、腰、膝部位不能过紧，以免影响儿童活动。

针对儿童活泼好动的特性，服装要便于穿脱和适体，并在面料选择和色彩搭配上尽量体现出耐磨、耐洗、耐脏的特点。

学龄前童装的色彩设计，首先取决于色彩的搭配和面料的选择，童装宜采用鲜亮活泼的对比色、三原色，给人以明快、生动、健康的色彩感觉。通过童装色彩的明度对比、节奏变化、色彩间隔等色彩设计，可使童装具有色彩丰富、活泼可爱的服饰效果。为适应学龄前儿童的生理和心理活动特点，牛仔童装应采用简洁、单纯而富于变化的造型和充满童趣的装饰图案的设计，使其充满活泼、天真、可爱的个性（图5-55）。

图5-55 学龄前儿童牛仔装

2. 少儿期（7~11岁）儿童

少儿期（7~11岁）的儿童处于小学阶段，智体均得到发展，体型变得匀称。这时男童和女童的身高也逐渐发生变化，低年级男生身高一般高于女生，在小学高年级（10~11岁）时，儿童体格进入快速增长阶段，不同性别儿童的体型特征逐渐显现出差异。

这个时期是儿童智力成长的关键时期，学习和课外活动是儿童的主要活动，少儿牛仔童装的款式结构要简洁明快、活泼自由，能充分表达出儿童健康、整洁、活泼、美观和天天向上的朝气。

少儿期牛仔童装款式结构设计，要以儿童的性别特征和体型特点作为设计依据，男童装要体现出活泼刚劲的男童特质，女童装要有美丽大方的造型效果。无论是男童装还是女童装，在服装款式结构设计上都要突出儿童天真活泼的性格。

在少儿期，不同性别儿童对色彩的感悟已有明显的差别，对童装的颜色和式样的审美评价都有了不同的偏好，但因其学习和活动的环境因素影响，不宜过分亮丽，一般采用调和的色彩来取得悦目的效果。春夏季少儿牛仔童装色彩可选用中性的浅牛仔蓝色调、纯正的天蓝色、优雅的深紫色、活泼的淡黄色等主调色彩；秋冬季少儿牛仔装可选用表现清纯蓝色的明色系，如天蓝、普蓝、群青、牛仔靛蓝，或亮灰、咖啡、暗红等色彩，通过色彩搭配和面料肌理的组合设计可以产生生动活泼的着装效果（图5-56）。

图5-56 少儿期儿童牛仔装

3.少年期（12~14岁）儿童

少年期（12~14岁）的儿童处于初中阶段，也是儿童德、智、体、美全面发展的青春发育时期，在身体特征上表现为身体迅速长高、体重增加、身体比例接近成人、儿童性别特征出现明显差别等特点。

少年期的儿童是少年向青年的成长过渡期，男女体型特征更为明显，审美情趣、时尚的追求更趋个性化。所以，少年期的服装设计，除考虑不同性别儿童的不同需求外，还应与青年流行时尚相结合，并以简洁适体、青春活泼而富有时代气息的造型来表达青春少年的风貌。在少年期，牛仔童装生活装的色彩设计应更接近青年装的流行色，但不应过于华丽，男童装以白色、牛仔蓝色、深紫色、暗红色、亮灰色、褐色、黑色等色彩为主，女童装宜采用白色、浅蓝色、红色、紫罗兰色等，但学生装的色彩应主要体现少年青春向上的精神风貌，以色彩自然、青春、明快为主色调，不可太鲜艳（图5-57）。

牛仔童装的装饰设计是一个系统的设计，它必须与款式结构和面料设计形成一个综合设计的整体，通过牛仔童装的装饰美展示儿童的个性美。

图5-57　少年期儿童牛仔装

二 图案及装饰技艺在童装装饰设计中的运用

（一）牛仔童装装饰图案

装饰图案对牛仔童装装饰设计起到重要作用，它不仅是牛仔童装整体设计的重要组成部分，在某种情况下甚至能起到主宰产品消费市场的功效。

牛仔童装装饰图案的应用非常广泛，题材十分丰富。其中，应用较多的有卡通图案、植物图案、文字图案、水果图案、综合图案等。

1. 卡通图案

卡通图案是牛仔童装装饰设计中应用最广泛的一种装饰设计题材。卡通设计即漫画，是通过夸张、变形、假定、比喻、象征等手法，以幽默、风趣、诙谐的艺术效果表达现实生活的一种艺术形式。

采用卡通手法进行牛仔童装装饰设计要求设计者具有比较扎实的美术功底，能够十分熟练地从自然原型中提炼特征元素，用艺术的手法进行重新表现。卡通图案可以滑稽、可爱，也可以严肃、庄重。

在牛仔童装的装饰设计中，卡通图案的元素十分广泛，比较著名的卡通形象，如美国迪士尼公司的米老鼠和唐老鸭、中国的美猴王孙悟空、日本动画故事中的一休等经典形象以及一些动物形象、植物形象等，都已成为老少皆知的独特图形（图5-58）。

图5-58 卡通图案图例

2. 植物图案

植物图案是牛仔童装常用的装饰图案，特别是在小童装和女童装中的应用更多一些。植物装饰图案在服饰中体现了儿童对美的追求。它已渗透到儿童们的生活行为中，使童年的生活更加多姿多彩。

儿童被比喻为祖国的花朵，优美生动、活泼稚气的植物图案不仅受到孩子们的喜爱，同时对家长也有很大的吸引力，优美生动的植物图案是引导消费的重要手段。

牛仔童装的装饰具有实用功能和审美功能，植物装饰图案要与服饰实用功能相适应。例如，夏装的功能在于透气、凉爽，花卉装饰图案在形式上多选择可以进行镂空和抽丝等工艺的材料来装饰，在装饰图案的色彩上则选用色彩清新、明快的图案。

植物装饰图案不仅要与服饰的款式相融合，同时要与不同年龄及性别的需求相适应，这样使服饰款式在一定程度上限制了装饰图案的内容构成和形式布局。因此，牛仔童装装饰设计的植物装饰图案要体现出不同年龄、不同性别儿童的生理和心理的特殊需求。

植物图案在牛仔童装的装饰位置，一般会在领口、袖子、胸部、肩部、腿部等部位，让人一目了然（图5-59）。

图5-59 植物图案图例

3. 文字图案

文字图案在牛仔童装装饰设计中的应用比较广泛，通过对文字基本结构的置换、打散、增减、美化等方式，达到组成装饰图案的目的。在我国童装装饰图案中，使用最多的是中文和英文。

在牛仔童装装饰设计中，文字图案可以是单个汉字或多个汉字为图案化的设计元素，通过创意将文字进行艺术化处理，将文字重构出一个新的视觉状态。

英文字母的图形化最常用的方式是语句或单词的重新排列组合，利用文字形象化的特点，设计出具有视觉冲击力的图案（图5-60）。

4. 水果图案

水果是儿童喜闻乐见的食物，不仅品种繁多，而且色彩鲜艳，其作为牛仔童装的装饰图案颇有浓厚的生活气息和鲜明的童趣，所以，水果图案也像水果一样受到儿童的喜爱，同时活泼生动的水果图案也受到家长的青睐。

水果图案的设计一般采用图案设计的提炼手法，在保留原型的基础上，用点、线、面等现代设计语言对所设定的水果进行再造，给水果图案以新意，使水果显得更加俏皮、生动、可爱。

另一种常用的设计手法是打破原型，突出水果的主要特征，通过形状、色彩强烈的对比关系，使水果图案具有强烈的视觉冲击力（图5-61）。

图5-60　文字图案图例

图5-61　水果图案图例

5. 综合图案

在牛仔童装的装饰设计中，装饰图案可以单独运用，也可以和其他与本图案有关联的服饰图案并用。例如，水果图案与花卉图案并用、水果图案与动物图案并用等，将两种或几种儿童喜爱的装饰元素相互搭配，可以使画面更丰富、内容更生动，但要做到内容、形态和色彩的协调统一。

除上述图案外，还有几何图案、建筑图案、科普图案、民族传统图案等。

（二）装饰技艺在牛仔童装装饰设计中的运用

近年来，牛仔服装装饰技艺发展很快，新技术、新材料、新装饰技法不断涌现，牛仔童装的装饰技艺在借鉴这些新技艺的同时，也融入了其他服饰品种童装的装饰技术，使牛仔童装的装饰技术更加丰富多彩、美轮美奂。

由于牛仔童装的消费者是一个特殊的消费群体，对成人牛仔服装的装饰技艺必须根据儿童的年龄、生理、心理和社会环境的需求，有目的、有针对性地取舍，并在此基础上进行吸收、消化、再创新。

1. 面料再造装饰

面料再造装饰是成人牛仔服装，同时也是牛仔童装常用的装饰手法，面料再造装饰分为面料肌理再造和成衣再造两种方式。

图5-62　面料再造装饰牛仔童装

面料再造装饰主要是通过纺织织造技术或印染技术，获得符合牛仔童装加工生产的各种不同肌理和花色的牛仔面料。设计师根据童装消费者的年龄、性别及款式结构，需要选择适宜的肌理质地和花色面料进行创意设计。

成衣再造装饰，主要利用洗水工艺使面料更加柔软舒适，使色彩更为丰富，一般在牛仔童装装饰中很少采用做旧、破洞、化学洗等成人牛仔装饰工艺（图5-62）。

2. 拼接装饰

拼接是一种牛仔童装常用的装饰技艺，把不同肌理和花色的面料根据童装款式结构进行不同的拼接组合，使童装的款式更加生动活泼，色彩更加丰富而富有童趣。

拼接装饰设计不受儿童年龄、性别和服装款式的限制，可以在任何年龄段的牛仔童装中运用，关键是设计师对面料质地、肌理、花色选择的合理性，以及结构配置的艺术性（图5-63）。

3. 镶绲装饰

镶绲装饰技艺在牛仔童装装饰中的应用比较普遍，这种装饰手法能充分表达出童装雅致、活泼的天性及制作工艺的精细。一般牛仔童装镶绲装饰工

图5-63　拼接装饰牛仔童装

艺，包括“镶边”和“绲边”两种工艺。

镶边是一种把宽度不一、色彩不同的布条、花边或绣片镶嵌在童装的领口、袖口、下摆、前襟、裤线等处的装饰工艺。

绲边是把与面料质地及颜色相同或不同的布条在童装的某一边缘包一条圆梭细条状的装饰工艺，使童装被装饰的边缘更加平滑光洁，结构线更加清晰明朗。

在牛仔童装装饰中，镶边和绲边装饰可以单独使用，也可以联合运用，或与其他装饰工艺组合使用（图5-64）。

图5-64　镶绲装饰牛仔童装

4. 刺绣装饰工艺

刺绣在牛仔童装装饰设计中的应用非常广泛，是国内外童装设计师喜欢运用的一种设计元素，不仅提高了产品质量，而且增添了儿童对美的感悟和认知。

牛仔童装刺绣装饰工艺手法有彩绣、贴布绣、珠绣等，一般在牛仔童装装饰中采用彩绣、贴布绣工艺为主，考虑到儿童的特点，珠绣、钉线绣等手法应用较少。

无论是小童装、中童装、大童装，选择合适的图案运用刺绣装饰工艺，都能给童装增添生动活泼的魅力。刺绣工艺运用在童装上，一般常体现在童装的领口、门襟、胸部、背部、衣摆、裙摆、裤腿等重要部位，这些部位的刺绣装饰往往成为童装的视觉中心，并且易与服装的整体设计达到协调统一的效果（图5-65）。

图5-65　刺绣装饰牛仔童装

5. 综合装饰工艺技术的运用

牛仔童装装饰技法和装饰手段丰富多彩，在装饰设计的实践中，每一种装饰技法都可以单独运用，但更多的时候为了丰富设计效果，往往在同一件牛仔童装装饰设计作品中采用几种装饰技艺综合运用的设计手段。这些装饰工艺包括刺绣、印花、破洞、水洗、漂白和染色等。它们能够为牛仔童装增添个性化、时尚化、趣味性的元素。例如，刺绣可以在牛仔裤的口袋、腿部添加图案，使其更加生动。印花可以用于T恤、衬衫等牛仔上衣，以展现丰富多样的图案和色彩。破洞是一种常见的装饰工艺，可以在牛仔裤上创造出时尚的做旧效果。水洗、漂白和染色则可以为牛仔童装带来丰富的色彩层次和纹理效果。综合装饰工艺的运用使牛仔童装更具吸引力，同时满足儿童对时尚和个性的需求（图5-66）。

图5-66　ZARA品牌彩色牛仔童装

三 知名童装品牌牛仔童装装饰设计作品解析

当前我国童装市场仍以国内品牌为主，其中巴拉巴拉（Balabala）优势较明显，占据我国童装产业龙头地位，在国际童装市场也有较高的品牌优势和市场竞争力。随着我国经济的发展，国际知名童装品牌也大举进入我国童装市场，特别在高端童装市场具有比较强的竞争力，这些知名品牌童装在装饰设计方面有丰富的经验和技巧，值得我们认真地学习和总结。

（一）迪士尼品牌牛仔童装装饰设计解析

迪士尼童装来自华特迪士尼公司（The Walt Disney Company），以创始人华特·迪士尼命名，总部设在美国。该品牌主要业务包括娱乐节目制作、主题公园、玩具、图书、电子游戏和传媒网络。皮克斯动画工作室、惊奇漫画公司、试金石电影公司、米拉麦克斯影业公司、博伟影视公司、好莱坞电影公司都是其旗下的公司，另外还有迪士尼服饰品、迪士尼少女装、迪士尼箱包、迪士尼家居用品、迪士尼毛绒玩具等多个产业。其中，迪士尼童装品牌成立于2007年。

1. 强大的品牌吸引力

由于许多人是从小看着迪士尼的动画片成长起来的，在迪士尼乐园游玩过，所以凡是迪士尼所涉及的各大产业和产品都使消费者很自然地联想到迪士尼卡通影片和游乐园带给孩子们的欢乐和家长们对童年的美好回忆。迪士尼正是利用了迪士尼品牌的巨大商业价值，创造了迪士尼童装在世界童装市场的竞争优势。

迪士尼童装在装饰设计中的创意构思独树一帜，设计师把儿童对迪士尼卡通人物和游乐园的喜爱转化到童装装饰创意中去，在服饰装饰图案设计中采用了大量儿童对迪士尼所熟悉的卡通形象和故事情节，有米老鼠、唐老鸭、小熊维尼等。这些小孩子喜欢的卡通人物被运用到童装装饰设计中，使每一款服装都更加生动活泼而富有童趣，必然会给孩子们带来极大的兴趣，这种吸引力直接会演变成市场推动力。

2.高水平的童装专业化设计团队

迪士尼童装有一批高素质的专业化童装设计团队，设计师不仅具有高水平的服装专业设计技术，而且对儿童生理学、心理学有充分的研究和掌握，从而才能设计出令儿童喜欢、家长满意的服饰。

优秀的专业设计团队为迪士尼牛仔童装带来了生命力，从而使设计的童装作品诠释出更好的效果，这也是广大消费者选择迪士尼牛仔童装的原因之一。

3.时尚创新赢得市场青睐

虽然是童装，但迪士尼牛仔童装装饰设计与时俱进，不仅款式造型新颖、多样、时尚，且在装饰设计上增加了现代时尚设计元素，使牛仔童装更有品位。例如，在不同年龄段、不同性别的童装中有选择性地运用成人牛仔服装流行的装饰技术，如面料再造、洗水、猫须、电脑绣花等新的流行时尚装饰技艺，能够帮助孩子们培养一种对美丽事物的看法和见解，这是培养儿童审美观的绝佳机会。

这种创新的设计理念符合童装实用功能、审美功能和教育功能相结合的设计目标，因此，迪士尼牛仔童装必然会受到市场的青睐。

4.精工细做高品质赢得信赖

产品的品质是品牌的保证，迪士尼牛仔童装从创意策划、服装设计、装饰设计、产品加工、市场销售整个产业链中做到精工细做高品质。设计儿童服装不仅要保证服装的功能性、审美性，同时更要关注童装的生态性和安全性。

在制作迪士尼牛仔童装的过程中，每个操作程序都有一定的标准和要求，童装的生态性和安全性是儿童服装的第一质量要素，迪士尼牛仔童装的整体设计和装饰设计对服装材料、结构、色彩的生态技术指标控制要求更为严格，对服装构成部件的安全性设计要求也更为明确和具体，给消费者带来一定的信赖度，可以让消费者感到放心（图5-67）。

（二）巴拉巴拉品牌牛仔童装装饰设计解析

巴拉巴拉童装品牌是浙江森马服饰股份有限公司创立的童装品牌。巴拉巴拉童装与用品在国际市场也有一定的影响力和竞争力，在国际童装品牌排行榜中有很高的知名度。品牌产品包括休闲、运动及都市风格，特别在牛仔童装装饰设计领域有其独特的设计风格和装饰技巧。

图5-67　迪士尼牛仔童装

1.精心塑造牛仔童装装饰设计风格

成人牛仔服装源于美国西部牛仔文化，服饰风格体现奔放、自由、豪爽的文化特质。巴拉巴拉牛仔童装是在现代社会文化背景下，根据儿童生理和心理特征的创新设计。这种创新是在吸收牛仔文化理念基础上的创新，形成了品牌牛仔童装“专业”“阳光”“快乐”“时尚”的设计风格。

巴拉巴拉品牌具有比较完整的牛仔童装服饰产品品类，全面覆盖0~14岁儿童的服装。童装的装饰风格是多种多样的，从简单的牛仔裙、牛仔短袖到时尚的牛仔裤、牛仔连衣裙等，彰显了每个年龄段和不同性别儿童的活泼可爱的气质与风格。

巴拉巴拉牛仔童装的装饰风格始终与童装的整体风格保持协调统一。这种装饰艺术不仅表现在童装设计上，而且表现在服饰的延伸领域，如鞋品、配饰等品类，甚至延伸到发饰、零钱包这样的“小物件”上。这种协调统一的装饰特征是适应市场需求、吸引消费者、扩展市场占有率的重要经营策略。

巴拉巴拉牛仔童装把儿童的欢乐和幸福作为企业目标的定位，在服装设计和装饰设计上把童装的功能需求和审美需求作为第一设计要素，让巴拉巴拉牛仔童装传递出童年的幸福和快乐。面对未来，新一代的消费群体，无论是儿童的父母还是儿童，对童装的消费将向着更加时尚化的方向转变。面对这种转变，巴拉巴拉牛仔童装不仅从牛仔流行时尚中，同时也从中华传统服饰装饰技艺中吸收和融入适用于儿童的时尚装饰元素，使牛仔童装的装饰设计走在时代的前列，而这种转变也成为品牌不断创新发展的强大推动力。

2. 具有国际化视野的童装装饰设计团队

一支具有高水平艺术修养和国际化视野的童装装饰设计团队是童装品牌获得市场竞争优势的重要力量。市场的竞争最终体现在人才的竞争，品牌的牛仔童装能够根据儿童的不同年龄、性别的需求，提供品类众多、款式新颖、装饰精美的应季服饰。这需要设计师充分掌握国际上最新的流行趋势和装饰设计元素，并把设计创意有机地融入主题系列服装中去。

巴拉巴拉比较有效地整合了国内外童装设计的中坚力量，设计师定期参加国际四大时装周，与国际服装设计师进行深入的沟通和交流，通过吸收消化再创新，将国际流行演绎为中国儿童流行时尚。

3. 建立优质精品为儿童服务的宗旨

巴拉巴拉品牌牛仔童装的优良品质是品牌的保证，在牛仔童装设计中，结构、面料、色彩是服装构成的核心要素，也是装饰设计的基础。其中，面料的舒适性、生态性、环保性和安全性对童装尤为重要。

品牌牛仔童装的服饰面料，都是符合国家生态环保标准的天然纯棉牛仔面料和新型生态环保牛仔面料，无论是小童装、中童装、大童装都能根据着装儿童的年龄、性别，着装的环境、场合等因素进行科学选择，穿戴舒适就是儿童装的基本要素。

色彩设计是牛仔童装装饰设计的重要环节之一。在童装色彩中，色感是通过面料的质感和装饰手段来实现的。在童装的消费过程中，童装的色彩和装饰最能在整体上体现出童装的艺术价值，是吸引消费的关键环节。

品牌牛仔童装的色彩设计有其独特性，色彩明亮欢快而富有朝气，装饰生动活泼，能充分表达出儿童可爱的形象，这是巴拉巴拉牛仔童装畅销的重要原因之一。

童装的安全性是童装设计的关键环节，包括生态安全性和机械安全性，这是童装最重要的，而且也是我国许多童装企业最容易忽视的环节。

生态安全是要求童装在全产业链过程中，从原辅料选择、生产加工、市场销售、回收处理等必须符合相关的生态纺织品标。童装的机械安全性是指能够对儿童在穿着或使用时造成机械性危害的潜在风险，包括童装的面料、装饰材料、纽扣、拉链、绳索、拉带等。巴拉巴拉品牌牛仔童装，在童装设计中充分考虑到童装的生态环保性和安全性，这也是大多数家长购买童装时都愿意选择这个品牌的原因。

4. 树立装饰设计为市场服务的理念

时代在变化，人的生活理念和消费习惯也必然变化，新生代的“80后”甚至“85后”女性逐渐成长为主力的妈妈消费群体，年青一代的母亲与前辈有着截然不同的消费行为和心理特征，追求“高品质”“专业化”“时尚化”成为新一代母亲们的主要特征，这种消费理念必将对童装产业的发展产生重大影响，并且从根本上影响到童装行业的发展。在这种变革中，童装的装饰设计必须主动去适应和满足这种市场需求。

巴拉巴拉品牌牛仔童装的装饰设计敏锐地反映了这种消费市场的变化，并主动反馈到牛仔童装装饰设计中去。例如，品牌开发牛仔童装服饰有新年装、节日装、运动装、休闲装、礼服等多种款式，而每一种款式都以独特的装饰设计获得家长和儿童的喜欢（图5-68）。

图5-68　巴拉巴拉牛仔童装

总体而言，牛仔童装的未来发展趋势是多方位的，安全和舒适永远是首要考虑的问题。随着人们对环境保护的关注增加，可持续性将成为牛仔童装设计的重要考虑因素，采用有机棉、再生纤维和可循环材料等环保材料制造牛仔童装将得到更多关注。同时，推广可持续的生产和制造过程也将成为未来的发展方向。儿童对舒适性和自由活动的需求是设计师需要考虑的重点。未来的牛仔童装可能融入更多的功能性设计元素，如弹性面料、可调节的腰部设计和多功能口袋等，以提供更好的穿着体验和便利性。

随着科技的进步，未来的牛仔童装可能融入数字化和智能化的元素。例如，智能传感器可以用于监测儿童的活动和健康状况，为他们提供更好的保护和关怀。同时，数字化的设计工具和生产技术也有望提升牛仔童装的创新和个性化程度。

牛仔童装的设计将更加多样化，以满足不同儿童和家庭的需求。除了经典的牛仔款式外，未来可能涌现出更多的创新设计，为儿童提供更多的选择和个性化的风格。

思考题:

1. 简述牛仔时装的装饰设计风格和发展趋势。

2. 经典牛仔裤的品牌和典型特征有哪些?

3. 牛仔童装设计的发展前景如何?

参考文献

[1]陈逸飞. 牛仔[M]. 南京：江苏美术出版社，2005.

[2]李青. 略论美国历史上的牛仔与牛仔文化[J]. 杭州师范学院学报(社会科学版)，2004(1)：89-92.

[3]彭文奉. 美国牛仔文化解读[J]. 时代文学，2009(2)：150-151.

[4]李娜. 谈牛仔服装的发展历史与流行原因[J]. 读与写(教育教学版)，2013(10)：243.

[5]史红. 中国服饰与中华美学精神[J]. 中国文学批评，2017(4)：69-82.

[6]钟志金，张彬. 民族文化·时尚创意：中国服装品牌建设[M]. 北京：中央民族大学出版社，2013.

[7]潘璠. 生态纺织服装绿色设计[M]. 北京：中国纺织出版社，2017.

[8]朱翠珊，李晓宁. 我国牛仔服装产业集聚现状[J]. 山东纺织经济，2004(3)：29-31.

[9]林丽霞. 牛仔服装市场调查研究[J]. 化纤与纺织技术，2010(9)：43-46.

[10]张志明. 中国牛仔服装消费现状和对策[J]. 纺织学报，1999(3)：163-164.

[11]陆天明. 牛仔服装中的装饰设计应用与效果表现[J]. 设计，2016(9)：102-103.

[12]刘元风. 服装设计学[M]. 北京：高等教育出版社，1997.

[13]潘璠. 牛仔服装艺术装饰的特点与创新设计[J]. 陕西科技大学学报(自然科学版)，2011(6)：180-184.

[14]张玉芹. 服装装饰设计发展及特征略论[J]. 浙江纺织服装职业技术学院学报，2010(4)：78-81.

[15]梅自强，王克莉，王盘大，等. 牛仔布和牛仔服装实用手册[M]. 2版. 北京：中国纺织出版社，2009.

[16]李灵芬. 服装与装饰[J]. 装饰，2002(9)：51-52.

[17]苏·詹金·琼斯. 时装设计[M]. 张翎，译. 北京：中国纺织出版社，2009.

[18] 王鸣. 服装款式设计大系 [M]. 沈阳：辽宁科学技术出版社，2002.

[19] 陈莹，丁瑛，王晓娟. 服装创意设计 [M]. 北京：北京大学出版社，2012.

[20] 史林. 高级时装概论 [M]. 北京：中国纺织出版社，2002.

[21] 陈彬. 时装设计风格 [M]. 上海：东华大学出版社，2009.

[22] 沈兰苹. 新型纺织产品设计与生产 [M]. 北京：中国纺织出版社，2009.

[23] 崔唯，庞琦. 服装色彩设计 [M]. 北京：中国青年出版社，2007.

[24] 徐丽，吴丹. 服饰纹样1000例 [M]. 北京：化学工业出版社，2012.

[25] 张民. 图案在服装设计中的装饰性特征 [J]. 佳木斯职业学院学报，2017 (8)：495.

[26] 姚永强. 传统服饰图案在时装中的应用 [J]. 苏州市职业大学学报，2001 (2)：63–65.

[27] 赵静. 牛仔服装设计中面料设计与运用 [J]. 现代商贸工业，2015 (8)：81–82.

[28] 佘月红. 论服装面料的装饰设计 [J]. 浙江丝绸工学院学报，1996 (3)：66–69.

[29] 彭志忠. 牛仔面料印染深加工整理 [J]. 染整技术，2011 (6)：26–30.

[30] 马亦骅. 面料再设计在牛仔服装中的运用 [J]. 国际纺织导报，2009 (9)：48–54.

[31] 张中启. 牛仔裤的二次设计 [J]. 国际纺织导报，2010 (3)：67–70.

[32] 范聚红. 装饰工艺在服装设计中的运用 [J]. 郑州轻工业学院学报（社会科学版），2005 (6)：34–37.

[33] 陈碧君. 浅谈元素点、线、面在服装设计中的应用 [J]. 美术大观，2010 (7)：248–249.

[34] 欧阳晓龙. 刺绣在服装中的发展与应用 [J]. 重庆工贸职业技术学院学报，2009 (4)：28–30.

[35] 沈雷，吴小艺，陈赟银. 蕾丝的角色转变——从辅料到面料 [J]. 丝绸，2012 (11)：51–56.

[36] 陈丽娜，胥筝筝. 流苏装饰的特点及艺术魅力 [J]. 纺织科技进展，2016 (5)：49–54.

[37] 王蕾，梁惠娥. 服饰中拉链的审美与文化 [J]. 艺术百家，2008 (S2)：218–220.

[38] 刘洪波，刘虹. 电脑刺绣在服装服饰的应用研究 [J]. 天津纺织科技，2016 (4)：34–35.

[39] 常晓南. 童装设计的审美因素和审美教育 [J]. 东华大学学报（社会科学版），2003 (1)：81–86.